家常主食大全

李 鹏 主编

北京联合出版公司
Beijing United Publishing Co.,Ltd.

图书在版编目（CIP）数据

家常主食大全 / 李鹏主编 . — 北京：北京联合出版公司， 2014.3
（2025.3 重印）

ISBN 978-7-5502-2680-7

Ⅰ . ①家… Ⅱ . ①李… Ⅲ . ①主食－食谱 Ⅳ . ① TS972.13

中国版本图书馆 CIP 数据核字（2014）第 028879 号

家常主食大全

主　　编：李　鹏

责任编辑：徐秀琴

封面设计：韩　立

内文排版：潘　松

北京联合出版公司出版

（北京市西城区德外大街 83 号楼 9 层　100088）

河北松源印刷有限公司印刷　新华书店经销

字数 180 千字　787 毫米 ×1092 毫米　1/16　15 印张

2014 年 3 月第 1 版　2025 年 3 月第 3 次印刷

ISBN 978-7-5502-2680-7

定价：68.00 元

前言

　　主食是指传统上餐桌上的主要食物，是人体所需能量的主要来源。由于主食是碳水化合物，特别是淀粉的主要摄入源，因此以淀粉为主要成分的稻米、小麦、玉米等谷物，以及土豆、甘薯等块茎类食物被不同地域的人当作主食。千百年来，中国人用经验和智慧将稻谷转化为口味丰富的米食；从南到北，中国人以丰富的想象力和创造力让面食呈现出千姿百态的形貌……

　　一日三餐，主食当家。一道可口的主食，不仅可以保证家人营养均衡和膳食健康，还可以让家人在品味美食之余享受天伦之乐；一道色、香、味、形俱全的主食，不仅可以在朋友聚会中让你大显身手，还可以增进朋友之间的感情。

　　然而，如何才能制作出色、香、味俱佳的主食呢？《家常主食大全》精选了500余款最家常、最为人们喜欢的主食，包括馒头、花卷、包子、饼、饺子、面条、米饭、汤圆、点心等。全书分为烹饪方法介绍，面食，米饭、粥，中式小点，西式小点等十部分。"烹饪方法介绍"详细介绍了中国式烹饪的常用方法，帮助初学者认识和掌握下厨的基本常识；"面食"介绍了面粉的选购和初加工的小知识，以及和面、揉面技巧和各类面食的制作方法；"米饭、粥"介绍了各类以米为主要原料的主食的制作方法；"中式小点"和"西式小点"系统介绍了各类点心的制作方法。材料、调料、做法面面俱到，烹饪步骤清晰，详略得当，同时配以彩色图片，读者可以一目了然地了解食物的制作要点，易于操作。即便你没有任何做饭经验，也能做得有模有样，有滋有味。

　　对于初学者，需要多长时间才能学会家常主食是他们最关心的问题。

其实，只要按照本书的指导去做，你就可以基本掌握各类家常主食的制作方法。不用去餐厅，在家里即可轻松做出丰盛的美食。如果你想在厨房小试牛刀，如果你想成为人们胃口的主人，成为一个做饭高手的话，不妨拿起本书。只要掌握了书中介绍的烹调基础、诀窍和步步详解的实例，不仅能烹调出一道道看似平凡，却大有味道的家常主食，还能够轻轻松松地享受烹饪带来的乐趣。

目 录

4 第4部分 饺子馄饨

5 第5部分 百变米饭

6 第6部分 营养香粥

7 第7部分 筋道面条

8 第 8 部分 美味烙饼

第 1 部分

烹饪方法介绍

烹饪过程中用到的烹饪方法有很多,如熘、炒、蒸、煮、炸等,掌握了这些烹饪方法,我们可以根据食材的特性,选择适合食材的烹饪方法,这样既可以让营养更丰富,也可以让味道更鲜美。本部分将教你各种烹饪方法的操作要领,让你运用自如。

拌

拌是一种冷菜的烹饪方法，操作时把生的原料或晾凉的熟料切成小型的丝、条、片、丁、块等形状，再加上各种调味料，拌匀即可。

①

将原材料洗净，根据其属性切成丝、条、片、丁或块，放入盘中。

②

将原材料放入沸水中焯烫一下捞出，再放入凉开水中凉透，控净水，入盘。

③

将蒜、葱等洗净，并添加盐、醋、香油等调味料，浇在盘内菜上，拌匀即成。

腌

腌是一种冷菜烹饪方法，是指将原材料放在调味卤汁中浸渍，或者用调味品涂抹、拌和原材料，使其部分水分排出，从而使味汁渗入其中。

①

将原材料洗净，控干水分，根据其属性切成丝、条、片、丁或块。

②

锅中加卤汁调味料煮开，晾凉后倒入容器中。将原料放容器中密封，腌7~10天即可。

③

食用时可依个人口味加入辣椒油、白糖、味精等调味料。

卤

卤是一种冷菜烹饪方法，指经加工处理的大块或完整原料，放入调好的卤汁中加热煮熟，使卤汁的香鲜滋味渗透进原材料的烹饪方法。调好的卤汁可长期使用，而且越用越香。

①

将原材料治净，入沸水中汆烫以排污除味，捞出后控干水分。

②

将原材料放入卤水中，小火慢卤，使其充分入味，卤好后取出，晾凉。

③

将卤好晾凉的原材料放入容器中，加入蒜蓉、味精、酱油等调味料拌匀，装盘即可。

炒

炒是最广泛使用的一种烹调方法，以油为主要导热体，将小型原料用中旺火在较短时间内加热成熟，调味成菜的一种烹饪方法。

将原材料洗净，切好备用。

将锅烧热，加底油，用葱、姜末炝锅。

在锅中放入加工成丝、片、块状的原材料，直接用旺火翻炒至熟，调味装盘即可。

操作要点

1. 炒的时候，油量的多少一定要视原料的多少而定。
2. 操作时，一定要先将锅烧热，再下油，一般将油锅烧至六或七成热为佳。
3. 火力的大小和油温的高低要根据原料的材质而定。

熘

熘是一种热菜烹饪方法，在烹调中应用较广。它是先把原料经油炸或蒸煮、滑油等预热加工使成熟，再把成熟的原料放入调制好的卤汁中搅拌，或把卤汁浇在成熟的原料上。

将原材料洗净，切好备用。

将原材料经油炸或滑油等预热加工使成熟。

将调制好的卤汁放入成熟的原材料中搅拌，装盘即可。

操作要点

1. 熘汁一般都是用淀粉、调味品和高汤勾对而成，烹制时可以将原料先用调味品拌腌入味后，再用蛋清、团粉挂糊。
2. 熘汁的多少与主要原材料的分量多少有关，而且最后收汁时最好用小火。

烧

烧是烹调中国菜肴的一种常用技法，先将主料进行一次或两次以上的预热处理之后，放入汤中调味，大火烧开后小火烧至入味，再用大火收汁成菜的烹调方法。

① 将原料洗净，切好备用。

② 将原料放入锅中加水烧开，加调味料，改用小火烧至入味。

③ 用大火收汁，调味后，起锅装盘即可。

操作要点

1. 所选用的主料多数是经过油炸煎炒或蒸煮等熟处理的半成品。
2. 所用的火力以中小火为主，加热时间的长短根据原料的老嫩和大小而不同。
3. 汤汁一般为原料的四分之一左右，烧制后期转旺火勾芡或不勾芡。

焖

焖是从烧演变而来的，是将加工处理后的原料放入锅中加适量的汤水和调料，盖紧锅盖烧开后改用小火进行较长时间的加热，待原料酥软入味后，留少量味汁成菜的烹饪方法。

① 将原材料洗净，切好备用。

② 将原材料与调味料一起炒出香味后，倒入汤汁。

③ 盖紧锅盖，改中小火焖至熟软后改大火收汁，装盘即可。

操作要点

1. 要先将洗好切好的原料放入沸水中焯熟或入油锅中炸熟。
2. 焖时要加入调味料和足量的汤水，以没过原料为好，而且一定要盖紧锅盖。
3. 一般用中小火较长时间加热焖制，以使原料酥烂入味。

蒸

蒸是一种重要的烹调方法，其原理是将原料放在容器中，以蒸汽加热，使调好味的原料成熟或酥烂入味。其特点是保留了菜肴的原形、原汁、原味。

❶ 将原材料洗净，切好备用。

❷ 将原材料用调味料调好味，摆于盘中。

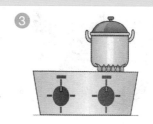

❸ 将其放入蒸锅，用旺火蒸熟后取出即可。

操作要点

1. 蒸菜对原料的形态和质地要求严格，原料必须新鲜、气味纯正。
2. 蒸时要用强火，但精细材料要使用中火或小火。
3. 蒸时要让蒸笼盖稍留缝隙，可避免蒸汽在锅内凝结成水珠流入菜肴中。

烤

烤是将加工处理好或腌渍入味的原料置于烤具内部，用明火、暗火等产生的热辐射进行加热的技法总称。 其菜肴特点是原料经烘烤后，表层水分散发，产生松脆的表面和焦香的滋味。

❶ 将原材料洗净，切好备用。

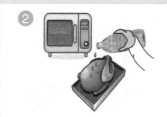

❷ 将原材料腌渍入味，放在烤盘上，淋上少许油。

❸ 最后放入烤箱，待其烤熟，取出装盘即可。

操作要点

1. 一定要将原材料加调味料腌渍入味，再放入烤箱烤，这样才能使烤出来的食物美味可口。
2. 烤之前最好将原材料刷上一层香油或植物油。
3. 要注意烤箱的温度，不宜太高，否则容易烤焦。而且要掌握好时间的长短。

煎

一般日常所说的煎，是指先把锅烧热，再以凉油涮锅，留少量底油，放入原料，先煎一面上色，再煎另一面。煎时要不停地晃动锅，以使原料受热均匀，色泽一致，使其熟透，食物表面会成金黄色乃至微煳。

将原材料治净。

将原材料腌渍入味，备用。

锅烧热，倒入少许油，放入原材料煎至食材熟透，装盘即可。

操作要点

1. 用油要纯净，煎制时要适量加油，以免油少将原料煎焦了。
2. 要掌握好火候，不能用旺火煎；油温高时，煎食物的时间往往需时较短。
3. 还要掌握好调味的方法，一定要将原料腌渍入味，否则煎出来的食物口感不佳。

炸

炸是油锅加热后，放入原料，以食油为介质，使其成熟的一种烹饪方法。采用这种方法烹饪的原料，一般要间隔炸两次才能酥脆。炸制菜肴的特点是香、酥、脆、嫩。

将原材料洗净，切好备用。

将原材料腌渍入味或用水淀粉搅拌均匀。

锅中下油烧热，放入原材料炸至焦黄，捞出控油，装盘即可。

操作要点

1. 用于炸的原料在炸前一般需用调味品腌渍，炸后往往随带辅助调味品上席。
2. 炸最主要的特点是要用旺火，而且用油量要多。
3. 有些原料需经拍粉或挂糊再入油锅炸熟。

炖

炖是指将原材料加入汤水及调味品，先用旺火烧沸，然后转成中小火，长时间烧煮的烹调方法。炖出来的汤的特点是：滋味鲜浓、香气醇厚。

① 将原材料洗净，切好，入沸水锅中余烫。

② 锅中加适量清水，放入原材料，大火烧开，再改用小火慢慢炖至酥烂。

③ 最后加入调味料即可。

操作要点

1. 大多原材料在炖时不能先放咸味调味品，特别不能放盐，因为盐的渗透作用会严重影响原料的酥烂，延长加热时间。

2. 炖时，先用旺火煮沸，撇去泡沫，再用微火炖至酥烂。

3. 炖时要一次加足水量，中途不宜加水掀盖。

煮

煮是将原材料放在多量的汤汁或清水中，先用大火煮沸，再用中火或小火慢慢煮熟。煮不同于炖，煮比炖的时间要短，一般适用于体小、质软类的原材料。

① 将原材料洗净，切好。

② 油烧热，放入原材料稍炒，注入适量的清水或汤汁，用大火煮沸，再用中火煮至熟。

③ 最后放入调味料即可。

操作要点

1. 煮时不要过多地放入葱、姜、料酒等调味料，以免影响汤汁本身的原汁原味。

2. 不要过早过多地放入酱油，以免汤味变酸，颜色变暗发黑。

3. 忌让汤汁大滚大沸，以免肉中的蛋白质分子运动激烈使汤浑浊。

煲

煲就是将原材料用文火煮，慢慢地熬。煲汤往往选择富含蛋白质的动物原料，一般需要 3 个小时左右。

① 先将原材料洗净，切好备用。

② 将原材料放入锅中，加足冷水，煮沸，改小火持续20分钟，加姜和料酒等调料。

③ 待水再沸后用中火保持沸腾3~4小时，浓汤呈乳白色时即可。

操作要点

1. 中途不要添加冷水，因为正加热的肉类遇冷收缩，蛋白质不易溶解，汤便失去了原有的鲜香味。

2. 不要太早放盐，因为早放盐会使肉中的蛋白质凝固，从而使汤色发暗，浓度不够，外观不美。

烩

烩是指将原材料油炸或煮熟后改刀，放入锅内加辅料、调料、高汤烩制的烹饪方法，这种方法多用于烹制鱼虾、肉丝、肉片等。

① 将所有原材料洗净，切块或切丝。

② 炒锅加油烧热，将原材料略炒，或汆水之后加适量清水，再加调味料，用大火煮片刻。

③ 然后加入芡汁勾芡，搅拌均匀即可。

操作要点

1. 烩菜对原料的要求比较高，多以质地细嫩柔软的动物性原料为主，以脆鲜嫩爽的植物性原料为辅。

2. 烩菜原料均不宜在汤内久煮，多经焯水或过油，有的原料还需上浆后再进行初步熟处理。一般以汤沸即勾芡为宜，以保证成菜的鲜嫩。

第 2 部分

馒头花卷

馒头和花卷是最常见的发面食品，也是饭桌上最常见的主食，若是能做出花样来，更能激发全家人的食欲。燕麦馒头、金银馒头、胡萝卜馒头、葱花卷、火腿卷、脆皮芋头卷、五香牛肉卷……我们从最基础的主食开始，教你轻松制作出品种繁多、营养丰富、老少皆宜的馒头和花卷。

面粉的选购与初加工

面食的制作过程并不复杂，但是要做出好吃的面食却也不是那么简单。那么，要想做出美味可口的面食，应做好哪些准备工作呢？首先，对面粉的选购是必不可少的，其次，对面粉的初加工也不能忽略。下面就让我们一起来学习关于面粉的选购与初加工的一些小知识吧！

 ## 选购面粉三窍门

①用手抓一把面粉，使劲一捏，松手后，面粉随之散开，是水分正常的好粉；如不散，则为水分多的面粉。同时，还可用手捻搓面粉，质量好的，手感绵软；若过分光滑，则质量差。

②从颜色上看，精度高的面粉，色泽白净；标准面粉呈淡黄色；质量差的面粉色深。

③质量好的面粉气味正常，略带有甜味；质量差的多有异味。

 ## 面粉是否越白越好

面粉并不是越白越好，当我们购买的面粉白得过分时，很可能是因为添加了面粉增白剂——过氧化苯甲酰。过氧化苯甲酰会使皮肤、黏膜产生炎症，长期食用过氧化苯甲酰超标的面粉会对人体肝脏、脑神经产生严重损害。

 ## 夏季存放面粉须知

夏季雨水多，气温高，湿度大，面粉装在布口袋里很容易受潮结块，进而被微生物污染发生霉变。所以，夏季是一年中保存面粉最困难的时期，尤其是用布口袋装面，更容易生虫。如果用塑料袋盛面，以"塑料隔绝氧气"的办法使面粉与空气隔绝，既

不反潮发霉，也不易生虫。

 ## 呆面的种类与调制

呆面即"死面"，只将面粉与水拌和揉匀即成。因其调制所用冷热水的不同，又分冷水面与开水面。

①开水面。又称烫面，即用开水和成的面。性糯劲差，色泽较暗，有甜味，适宜制作烫馄饨、烧麦、锅贴等。掺水应分几次进行，面粉和水的比例，一般为 500 克面粉加开水约 350 毫升。须冷却后才能制皮。

②冷水面。冷水面就是用自来水调制的面团，有的加入少许盐。颜色洁白，面皮有韧性和弹性，可做各种面条、水饺、馄饨皮、春卷皮等。冷水面掺水比例，一般为 500 克面粉加水 200~250 毫升。

 ## 冬季和面如何加水

由于气温、水温的关系，冬季水分子运动缓慢，

如和面加水不恰当，或用水冷热不合适，会使和出的面不好用。因此，冬季和面，要掌握好加水的窍门。和烙饼面，每500克面粉加325~350毫升40℃温水；和馅饼或葱花饼的面时，每500克面粉加325毫升45℃的温水；和发酵面时，每500克面粉加250~275毫升35℃左右的温水。

6 快速发面法

忘记了事先发面，又想很快吃到馒头，可用以下方法：500克面粉，加入50毫升食醋、350毫升温水和均匀，揉好，大约10分钟后再加入5克小苏打，使劲揉面，直到醋味消失就可切块上屉蒸制。这样做出的馒头省时间，而且同样松软。

7 发面的最佳温度

发面最适宜的温度是27℃~30℃。面团在这个温度下，2~3小时便可发酵成功。为了达到这个温度，根据气候的变化，发面用水的温度可作适当调整：夏季用冷水；春秋季用40℃左右的温水；冬季可用60℃~70℃热水和面，盖上湿布，放置在比较暖和的地方。

8 发面秘招

发面内部气泡多，做成的包点即松软可口。这里，

教你一条秘招：在发面时，在面团内加入少量食盐。虽然只有一句话那么简单，你试后一定会感到效果不凡。

9 发面碱放多了怎么办

发酵面团如兑碱多了，可加入白醋与碱中和。如上屉蒸到七八分熟时，发现碱兑多了，可在成品上撒些明矾水，或下屉后涂一些淡醋水。

10 面团为什么要醒一段时间

无论哪种面团，刚刚调和完后，面粉的颗粒都不能马上把水从外表吸进内部。通过醒的办法才能使面粉颗粒充分滋润吸水膨胀，使面团机构变得更加紧密，从而形成较细的面筋网，揉搓后表面光洁，没醒好的面团，使用起来易裂口、断条，揉不出光面，制出的成品粗糙。

11 嫩酵面的特点

所谓嫩酵面，就是没有发足的酵面，一般发至四五成。这种酵面的发酵时间短（一般约为大酵面发酵时间的2/3），且不用发酵粉，目的是使面团不过分疏松。由于发酵时间短，酵面尚未成熟，所以嫩酵面紧密、性韧，宜作皮薄卤多的小笼汤包等。

制作馒头的小窍门

有些人在家里自己做馒头、蒸馒头，但蒸出来的馒头总是不尽如人意。要想蒸出来的馒头又白又软，应该在面粉里加一点盐水，这样可以促使面粉发酵；要想蒸出来的馒头松软可口，就应该先在锅中加冷水，放入馒头后再加热增加温度。

如何蒸馒头

①蒸馒头时，如果面似发非发，可在面团中间挖个小坑，倒进两小杯白酒，停 10 分钟后，面就发开了。

②发面时如果没有酵母，可用蜂蜜代替，每 500 克面粉加蜂蜜 15~20 克。面团揉软后，盖湿布 4~6 小时即可发起。蜂蜜发面蒸出的馒头松软清香，入口甘甜。

③在发酵的面团里，人们常要放入适量碱来除去酸味。检查施碱量是否适中，可将面团用刀切一块，上面如有芝麻粒大小均匀的孔，则说明用碱量适宜。

④蒸出的馒头，如因碱放多了变黄，且碱味难闻，可在蒸过馒头的水中加入食醋 100~160 毫升，把已蒸过的馒头再放入锅中蒸 10~15 分钟，馒头即可变白且无碱味。

如何做好开花馒头

做得好的开花馒头，形状美观，色泽雪白，质地松软，富有弹性，诱人食欲。要达到这样的效果，必须大体掌握下列六点。

①面团要和得软硬适度，过软会使发酵后吸收过多的干面粉，成品不开花。

②加碱量要准，碱多则成品色黄，表面裂纹多，不美观，又有碱味；碱少则成品呈灰白色，有酸味，

而且粘牙。

③酵面加碱、糖（加糖量可稍大点儿）后，最好加入适量的猪油（以 5% 左右为宜），碱与猪油发生反应，可使蒸出的馒头更松软、雪白、可口。

④酵面加碱、糖、油之后，一定要揉匀，然后搓条，切寸段，竖着摆在笼屉内，之间要有一定空隙，以免蒸后粘连。

⑤制好的馒头坯入笼后，应该醒发一会儿，然后再上锅蒸。

⑥蒸制时，要加满水，用旺火。一般蒸 15 分钟即可出笼，欠火或过火均影响成品质量。

馒头

小知识 馒头碱大了怎么办

蒸馒头碱放多了起黄，如在原蒸锅水里加醋 2~3 汤匙，再蒸 10~15 分钟，馒头可变白。

小窍门 巧热陈馒头

馒头放久了，变得又干又硬，回锅加热很难蒸透，而且蒸出的馒头硬瘪难吃。如在重新加热前，在馒头的表皮淋上一点水，蒸出的馒头会松软可口。

金银馒头

材料 低筋面粉500克，泡打粉、干酵母各4克，改良剂25克

调料 糖100克

做法

❶ 低筋面粉、泡打粉混合过筛，入糖、酵母、改良剂、清水拌至糖溶化。❷ 将低筋面粉拌入搓匀。❸ 搓至面团纯滑。❹ 用保鲜膜包好，稍作松弛。❺ 然后将面团擀薄。❻ 卷起成长条状。❼ 分切成每件约30克的馒头坯。❽ 蒸熟，冷冻后将其中一半炸至金黄色即可。

菠汁馒头

材料 面团500克，菠菜200克

调料 椰浆10克，白糖20克

做法

①将菠菜叶洗净，放入搅拌机中打成菠菜汁。②将打好的菠菜汁倒入揉好的面团中。③用力揉成菠汁面团。④面团擀成薄面皮，将边缘切整齐。⑤将面皮从外向里卷起。⑥将卷起的长条搓至纯滑。⑦再切成大小相同的面团，即成生胚。⑧醒发1小时后，再上笼蒸熟即可。

重点提示 搅打菠菜汁时要加入适量水。

胡萝卜馒头

材料 面团500克，胡萝卜200克

调料 糖适量

做法

①将胡萝卜洗净放入搅拌机中打成胡萝卜汁。②将胡萝卜汁倒入面团中揉匀。③揉匀后的面团用擀面杖擀薄。④将面皮从外向里卷起。⑤卷成圆筒形后，再搓至纯滑。⑥切成馒头大小的形状即成，放置醒发后再上笼蒸熟即可。

重点提示 颜色愈深，胡萝卜素或铁盐含量愈高，红色的比黄色的高，黄色的又比白色的高。

双色馒头

材料 面团500克，菠菜200克

调料 白糖20克

做法

①将菠菜叶搅打成汁，再将菠汁加入揉成的面团中。②用力揉成菠汁面团。③将菠汁面团擀成面皮，放于擀好的白面皮之上。④再用擀面杖将面皮擀匀。⑤将两块面皮从外向里卷起。⑥卷起的长条搓至纯滑。⑦再切成大小相同的面团，即成生胚。⑧醒发1小时后，再上笼蒸熟即可。

小知识 **如何储存馒头**

　　将新制成的馒头趁热放入冰箱迅速冷却。没有条件的家庭，可放置在橱柜里或阴凉处，也可放在蒸笼里密封贮藏，或放在食品篓中，上蒙一块湿润的盖布，用油纸包裹起来。这些办法能减缓馒头变硬的速度，只要时间不是过长，都能收到一定的效果。

豆沙馒头

材料 面团300克
调料 豆沙馅150克
做法

① 将面团分成两份，一份加入同等重量的豆沙和匀，另一份面团揉匀。

② 将掺有豆沙的面团和另一份面团分别搓成长条。

③ 用通心槌擀成长薄片。

④ 喷上少许水，叠放在一起。

⑤ 从边缘开始卷成均匀的圆筒形。

⑥ 切成50克大小的馒头生坯，醒发15分钟即可入锅蒸。

燕麦馒头

材料 低筋面粉、泡打粉、干酵母、改良剂、燕麦粉各适量

调料 砂糖100克

做法

1 低筋面粉、泡打粉过筛与燕麦粉混合开窝。2 加入砂糖、酵母、改良剂、清水拌至糖溶化。3 将低筋面粉拌入，搓至面团纯滑。4 用保鲜膜包起醒约20分钟。5 然后用擀面杖将面团压薄。6 卷起成长条状。7 分切成每件约30克的面团。8 均匀排于蒸笼内，用猛火蒸约8分钟熟透即可。

椰汁蒸馒头

材料 面团500克

调料 椰汁1罐

做法

1 将椰汁倒入面团中，揉匀。2 用擀面杖将面团擀成薄面皮。3 再将面皮从外向里卷起。4 切成馒头大小的形状，放置醒发1小时后再上笼蒸熟即可。

重点提示 椰汁含有丰富的蛋白质、脂肪、维生素C及钙、磷、铁、钾、镁、钠等矿物质。

吉士馒头

材料 面团500克，吉士粉适量

调料 椰浆10克，白糖20克

做法

1 将吉士粉和所有调味料加入面团中，揉匀，再擀成薄面皮。2 将面皮从外向里卷起，至成长圆形。3 将长圆形面团切成大约50克一个的小面剂。4 放置醒发后，上笼蒸熟即可。

重点提示 放点三花淡奶，味道更好。

花卷

葱花火腿卷

材料 面团500克，香葱20克，火腿40克

调料 盐少许，味精少许，生油少许，白糖20克，椰浆10克

做法

① 面团中加入所有调料，揉匀，擀成面皮。香葱、火腿洗净均切粒，放于擀好的面皮上。② 将面皮对折起来。③ 边缘按实，将对折的面皮用刀先切一连刀，再切断。④ 把切好的面团拉伸。⑤ 再将拉伸的面团绕圈，打一个结后即成生胚。⑥ 将做好的生胚放置醒发1小时，再上笼蒸熟即可。

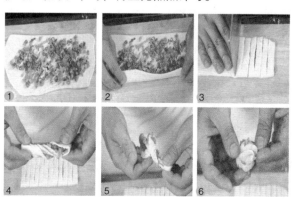

菠菜香葱卷

材料 面团500克，菠菜10克，香葱10克

调料 盐少许，生油少许，白糖20克，椰浆10克

做法

① 葱洗净切花，菠菜叶洗净榨汁，加入面团中，再加入所有调料，揉成菠菜汁面团。② 把切碎的葱花放于擀薄的菠汁面皮上。③ 再将面皮对折起来，将对折的面皮用刀先切一连刀，再切断。④ 再将切好的面团拉伸。⑤ 将其扭起来。⑥ 打结成花卷生胚，放置醒发1小时，再上笼蒸熟即可。

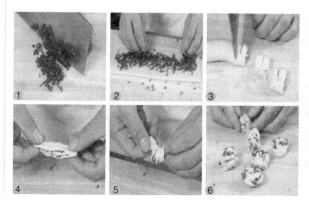

圆花卷

材料 面团300克

调料 油15克，盐5克

做法

① 取出面团，在砧板上推揉至光滑。

② 用通心槌擀成约0.5厘米厚的片。

③ 用油涮均匀刷上一层油，撒上盐，用手拍平抹匀。

④ 从边缘起卷成圆筒形，剂部朝下。

⑤ 切成2.5厘米(约50克)宽、大小均匀的生胚。

⑥ 用筷子从中间压下。

⑦ 两手捏住两头向反方向旋转一周，捏紧剂口，即成花卷生胚。

⑧ 醒发15分钟即可上笼蒸，至熟取出摆盘即可。

花生卷

材料 面团200克，花生碎50克

调料 盐5克，香油10克

做法

① 面团揉匀，擀成薄片，均匀刷上一层香油。

② 撒上盐抹匀，再撒上炒香的花生碎，用手抹匀、按平。

③ 从边缘起卷成圆筒形。

④ 切成2.5厘米(约50克)宽、大小均匀的面剂。

⑤ 用筷子从中间压下，两手捏住两头往反方向旋转。

⑥ 旋转一周，捏紧剂口即成花生卷生胚，醒发15分钟后即可入锅蒸。

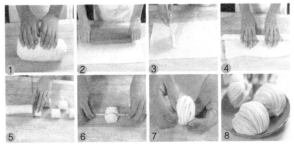

重点提示 剂口一定要捏紧，以免散开。

重点提示 醒发时间要足够，否则蒸出的花卷颜色不亮。

葱花卷

材料 面团200克，葱30克

调料 香油10克，盐5克

做法

1 面团揉匀，擀成约0.5厘米厚的片，均匀刷上一层香油。

2 撒上盐抹匀，再撒上一层拌匀香油的葱花，用手按平。

3 从边缘向中间卷起，剂口处朝下放置。

4 切成0.5厘米(约50克)宽、大小均匀的生胚。

5 用筷子从中间压下，两手捏住两头往反方向旋转。

6 旋转一周，捏紧剂口即成葱花卷生胚，醒发15分钟后即可入锅蒸。

重点提示 油不要抹到边缘，以免流出来影响美观。

火腿卷

材料 面团200克，火腿肠2根

调料 香油10克，盐5克

做法

1 面团揉匀。

2 擀成约0.5厘米厚的片。

3 均匀刷上一层香油。

4 撒上盐抹平，均匀撒上火腿粒按平。

5 从边缘起卷成圆筒形。

6 切成2.5厘米(约50克)宽、大小均匀的生胚。

7 用两手拇指从中间按压下去。

8 做成火腿卷生胚，醒发15分钟即可入锅蒸。

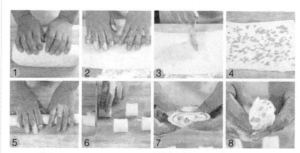

重点提示 火腿切块的大小要均匀。

小知识 以含水量鉴定面粉质量

　　标准质量的面粉，其流散性好，不易变质。当用手抓面粉时，面粉从手缝中流出，松手后不成团。若水分过大，面粉则易结块或变质。含水量正常的面粉，手捏有滑爽感，轻拍面粉即飞扬。受潮含水多的面粉，捏而有形，不易散，且内部有发热感，容易发霉结块。

川味花卷

材料　面团200克，辣椒15克

调料　盐3克

做法

①面团揉匀，用通心槌擀成薄片。②均匀撒上炸辣椒粉和盐抹匀、按平。③从两边向中间折起形成三层的饼状，按平。④切成1.5厘米宽、大小均匀的段。⑤将两个面团叠放在一起，用筷子从中间压下。⑥做成花卷生胚，醒15分钟后入锅蒸即可。

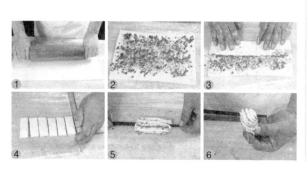

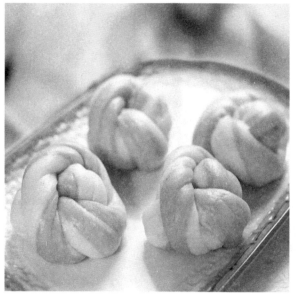

双色花卷

材料　面团500克，菠菜汁适量

调料　椰汁适量，椰浆10克，白糖20克

做法

①取适量面团，加入菠菜汁和所有调料，揉成菠菜汁面团；将菠菜汁面团和白面团分别擀成薄片，再将菠菜汁面皮置于白面皮之上。②双面皮用刀先切一连刀，再切断。③再将面团扭成螺旋形。④将扭好的面团绕圈。⑤打结后即成生胚。⑥放置醒发后，上笼蒸熟即可。

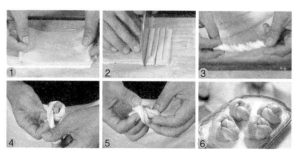

小窍门 蜂蜜可替代酵母

发面时如果没有酵母，可用蜂蜜代替，每500克面粉加蜂蜜15~20克。面团揉软后，盖湿布4~6小时即可发起。蜂蜜发面蒸出的馒头松软清香，入口香甜。

五香牛肉卷

材料 面团500克，牛肉末60克

调料 盐5克，白糖25克，味精、麻油、五香粉各适量

做法

①用擀面杖将面团擀成薄面皮。②把牛肉末加所有调味料拌匀成馅料。③将牛肉末涂于面皮上。④将面皮从外向里折。⑤直至完全盖住牛肉馅。⑥将对折的面皮用刀先切一连刀，再切断。⑦将切好的面团拉伸。⑧将拉伸的面团扭成花形。⑨将扭好的面团绕圈。⑩打结后成花卷生胚。⑪再将生胚放于案板上醒发1小时左右。⑫上笼蒸熟即可。

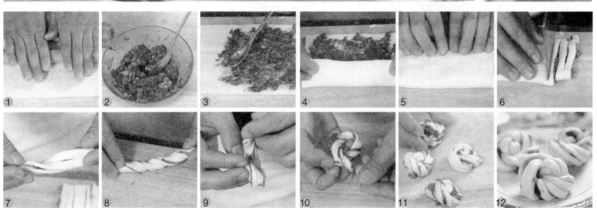

小窍门 烤制美味面食

　　烤制各种面食的时候，在和面水中掺些啤酒，或者往面团中揉进适量啤酒，面食会很容易烤制，且发出类似肉的香味。

螺旋葱花卷

材料 面粉、泡打粉、酵母、桑叶粉、猪肉、葱、马蹄各适量

调料 砂糖、盐、鸡精、糖、淀粉、麻油、胡椒粉各适量

做法

① 面粉、泡打粉混合过筛，加酵母、糖、清水。② 将糖拌溶化后，拌入面粉。③ 拌至面团纯滑。④ 保鲜膜包好，松弛备用。⑤ 将面团分成两份，在其中一份加入桑叶粉搓透。⑥ 将两份面团擀薄成薄皮。⑦ 然后将两份薄皮重叠。⑧ 再卷起成长条状。⑨ 分切成每个约30克的薄坯。⑩ 再擀薄成圆皮状备用。⑪ 馅料切碎拌匀与调味料拌匀成馅。⑫ 包入馅料成形，排入蒸笼，静置后蒸熟即可。

燕麦腊肠卷

材料 低筋面粉、泡打粉、干酵母、改良剂、燕麦粉、腊肠各适量

调料 砂糖100克

做法

①低筋面粉、泡打粉过筛与燕麦粉混合开窝。②加入砂糖、酵母、改良剂、清水拌至糖溶化，将低筋面粉拌入，搓至面团纯滑。③用保鲜膜包起松弛约20分钟。④将面团搓成长条形，分切每个约30克的小面团。⑤再将小面团搓成细长面条状。⑥用面条将腊肠卷起成型，排于蒸笼内，再静置约20分钟，蒸约8分钟即可。

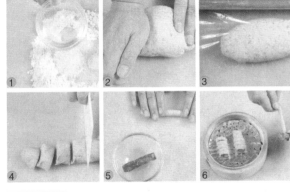

重点提示 在将面团搓成长条状时，用两手沿着两端慢慢搓长，不能太细也不能太粗。

金笋腊肠卷

材料 面粉500克，泡打粉、酵母、甘笋汁、腊肠各适量

调料 糖100克

做法

①面粉、泡打粉过筛开窝，加酵母、糖、甘笋汁、清水。②拌至糖溶化，将面粉拌入，搓至面团纯滑。③用保鲜膜包起，稍作松弛。④将面团分切成每个约30克的小面团。⑤然后将面团搓成长条状面条。⑥用面条将腊肠卷入成型，均匀排入蒸笼静置松弛，用猛火蒸约8分钟即可。

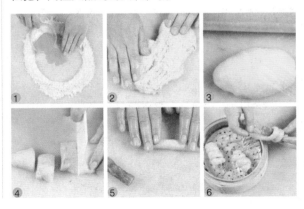

小知识

巧和面不粘盆

和面前，先将面盆洗干净，然后放置小火上烘烤，使盆中水分全部蒸发，之后在面盆稍微有些烫手时开始和面，这样就不会粘盆，即使有点面粉在盆上，只要轻轻一擦就可擦掉。

牛油花卷

材料 面团500克

调料 白糖20克，椰浆10克，牛油20克

做法

①面团中加白糖和椰浆揉匀，下成大小均匀的面剂，再擀成面皮，将牛油涂于面皮上。②将面皮从外向里卷起来成圆筒形，将卷好的面团搓至纯滑。③再将面团切成小面剂。④用筷子从面团中间按下。⑤再将两头尾对折后翻起，翻起后即成生胚。⑥放置案板上醒发1小时后，上笼蒸熟即可。

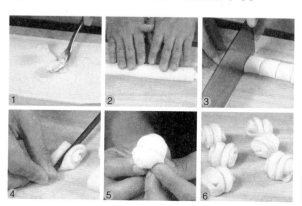

燕麦杏仁卷

材料 面粉、干酵母、燕麦粉、改良剂、泡打粉、杏仁片各适量

调料 砂糖适量

做法

①面粉开窝，加入砂糖等材料。②糖溶化后将面粉拌入，搓透至面团纯滑，用保鲜膜包好，松弛备用。③将松弛好的面团擀开。④杏仁片撒在中间铺平，再把面团卷起呈长条状。⑤分切成每个约45克的小面团。⑥放上蒸笼稍微松弛，用大火蒸约8分钟即可。

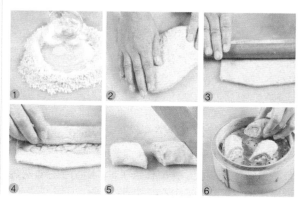

小知识 蒸馒头防粘屉布法

馒头完全蒸熟后，揭开上盖，再蒸上4分钟左右，倒出干结的馒头，翻扣在案板上。约1分钟后再把第二个屉卸下来，依次取完，即不会再粘屉面了。

香芋火腩卷

材料 面粉、泡打粉、干酵母、改良剂、火腩、香芋各适量

调料 砂糖100克，香芋色香油5克

做法

❶ 面粉、泡打粉过筛开窝，加糖、酵母、改良剂、清水、香芋色香油。❷ 拌至糖溶化，将面粉拌入，搓至面团纯滑。❸ 用保鲜膜包起，稍作松弛。❹ 将面团分切成每个约30克的小面团。❺ 将小面团擀成长日形。❻ 将火腩切块，香芋切块包入面皮中，排入蒸笼内，静置松弛，用猛火蒸约8分钟即可。

麻香凤眼卷

材料 糯米粉250克，粟粉、牛奶各50克，即食芝麻糊适量

调料 糖25克

做法

① 糯米粉、粟粉与清水、牛奶拌匀成粉糊。② 将粉糊倒入垫好纱布的蒸笼内。③ 用旺火蒸熟倒在案板上，加入糖搓至面团纯滑。④ 将面团擀薄，然后将四周切齐备用，即食芝麻糊用凉开水调匀成馅。⑤ 将馅均匀铺于薄皮上，两头向中间折起成型。⑥ 用刀切成每个约4厘米宽即可。

重点提示 搅拌粉糊时，用擀面杖顺着同一个方向搅拌，可拌得更均匀。

豆沙白玉卷

材料 糯米粉250克，粟粉、牛奶各50克，红豆沙适量

调料 糖25克

做法

① 糯米粉、粟粉混合加入清水、牛奶拌匀。② 倒入垫好纱布的蒸笼内蒸熟。③ 将蒸熟的面团取出，放在案板上，加入糖搓匀，搓至面团纯滑。④ 将面团擀薄成长日形，在面皮上铺上红豆沙馅。⑤ 然后将馅卷起包入，压成方扁形条。⑥ 切成每个约4厘米宽的卷即可。

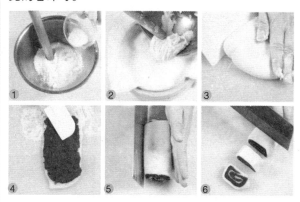

重点提示 豆沙馅铺在面皮上，要铺平整，卷成方形时要压紧，切时才不易变形。

甘笋莲蓉卷

材料 面粉、泡打粉、酵母、甘笋汁、萝卜、莲蓉各适量

调料 糖100克

做法

① 将面粉、泡打粉混合过筛开窝，倒入糖、酵母。

② 将清水与胡萝卜搅拌成泥状加入，拌至糖溶化。

③ 将面粉拌入，搓至面团纯滑。④ 用保鲜膜包好，松弛约30分钟。⑤ 然后将面团分切约30克/个，莲蓉分切约15克/个。⑥ 面团压薄将馅包入。⑦ 成型后将两头搓尖。⑧ 然后入蒸笼内稍松弛，用猛火蒸约8分钟，熟透即可。

腊肠卷

材料 面团500克，腊肠半根

调料 糖适量

做法

① 面团加糖揉匀成细条。② 取一腊肠，用揉匀的细条放于腊肠之上。③ 再按顺时针方向缠起来，直至完全缠住腊肠。④ 将做好的腊肠卷放于案板之上醒发1小时左右。⑤ 再上笼蒸熟即可。

重点提示 应选用带甜味的腊肠，味道会较好。

肠仔卷

材料 面团100克，火腿肠2根

调料 糖适量

做法

① 面团加糖揉匀。② 用两手搓成条形。③ 再下成约25克重的小剂。④ 将每个小剂用两手揉匀成条状。⑤ 继续揉搓成细条。⑥ 左手拿火腿肠，右手拿面卷在火腿肠上，卷好后放入蒸笼，醒发蒸熟。

重点提示 面团搓的粗细要均匀，卷时不可太用力。

营养紫菜卷

材料 蛋皮50克，面粉100克，紫菜、盐、葱花、辣椒末各适量，牛奶20克

做法

①面粉加水揉匀，再拌入牛奶调好后静置。②面团中再加盐、葱花、辣椒末揉匀。③分别取适量的面团，压扁，一面铺上紫菜，一面放蛋皮，然后卷起来，入蒸笼蒸熟，取出切块即可。

香酥菜芋卷

材料 发酵面团200克，芋头100克，椰糠10克

做法

①芋头去皮，洗净切丝。②面团放在案板上，搓成长条，再下成剂子。③剂子擀成薄片，分别包入芋头丝，制成方块形然后蘸裹些椰糠，入热油锅中炸至两面金黄，盛盘即可。

酥脆蛋黄卷

材料 咸蛋5个，面粉50克，泡打粉10克，蛋黄液20克

做法

①面粉加适量的水拌匀，再拌入蛋黄液搅散，最后将泡打粉加入，静置待用。②咸蛋煮熟取蛋黄，捣碎成泥。③将蛋黄泥包入醒好的面团中，搓成长卷，再切成大小一致的等份，最后入油锅中浸炸3分钟即可。

金穗芋泥卷

材料 芋头400克，面粉300克，芝麻15克

调料 黄油、白糖、食盐各适量

做法

①芋头洗净，去皮切块，上锅蒸熟，用勺压碎，加糖搅拌好，成芋泥段。②面粉加盐、黄油、水和匀揉捏，放半小时，在平底锅上涂薄薄的一层油，用小火加热，放入平锅中，摊烙成圆形的春卷皮。③在芋泥段的两端蘸上芝麻，然后下入油锅炸至金黄即可。

秘制香酥卷

材料 面粉200克，鸡蛋1个

调料 白芝麻、糖、麻油各20克

做法

① 将鸡蛋打入面粉中，加入适量水搅拌成絮状，再加入糖、麻油揉成面团。② 将面团分成三份，用擀面杖擀扁，然后卷起，两端蘸上白芝麻，再放入烤箱烤30分钟。③ 取出排于盘中即可。

重点提示 鸡蛋中含有大量的维生素和矿物质及有高生物价值的蛋白质。对人而言，鸡蛋的蛋白质品质最佳，仅次于母乳。

香酥芋泥卷

材料 芋头50克，面粉、熟猪油、酵母粉各适量

调料 白砂糖适量

做法

① 芋头去皮，切圆片，上笼蒸熟，取出捣碎成泥。② 面粉中加白砂糖拌匀，用温水将酵母粉溶解，倒入面粉中和成面团，再加入熟猪油，继续揉至面团表面均匀光滑，静置20分钟。③ 将面团摘成小剂子，将每等份面剂用擀面杖擀成薄皮，再包入芋头泥，拍扁成长方形状。④ 炸至金黄起酥即可。

江南富贵卷

材料 春卷皮100克，肉馅50克，面包糠10克

调料 盐、味精、香菜、蒜末、酱油各适量

做法

① 肉馅入油锅，加各调料炒香后盛起。② 将春卷皮摊平，放上适量肉馅后包好，蘸裹上面包糠。③ 入油锅炸至表面金黄后捞起，沥油后切成小段即可。

重点提示 肉馅用滚烫的油过一遍，不需炒太久，捞起后要沥干油。

小知识 巧识添加增白剂的面粉

　　从色泽上看，未增白面粉和面制品为乳白色或微黄本色，使用增白剂的面粉及其制品呈雪白或惨白色；从气味上辨别，未增白面粉有一股面粉固有的清香气味，而使用增白剂的面粉淡而无味，甚至带有少许化学药品味。掺有滑石粉的面粉，和面时面团松懈、软塌，难以成形，食后会肚胀。

▌脆皮芋头卷

材料 芋头150克，蛋液50克，春卷皮6张，芝麻30克

调料 白糖15克

做法

❶芋头洗净，入开水锅中煮熟，去皮捣成泥，加白糖拌匀。❷将芋头泥包入春卷皮中，将春卷皮外部拖上一层蛋液，再裹上白芝麻。❸锅置火上，烧至七成热，下入芋头卷，炸至金黄色后捞出，沥干油分即可。

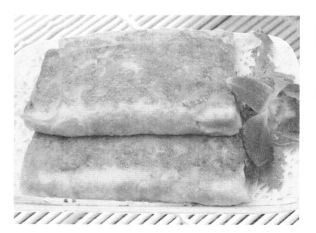

▌蛋煎糯米卷

材料 糯米粉150克，鸡蛋2个，蜂蜜适量

做法

❶糯米粉加糖及适量水和匀，揉成糯米面团；鸡蛋打入碗中，搅拌均匀。❷将糯米面团放入蒸笼中蒸熟后取出，晾凉后制成长饼状。❸将糯米团放入鸡蛋液里，入油锅煎熟，蘸以蜂蜜即可食用。

第 3 部分

鲜香包子

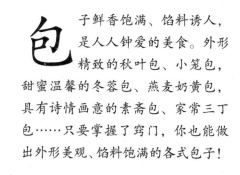

包子鲜香饱满、馅料诱人，是人人钟爱的美食。外形精致的秋叶包、小笼包，甜蜜温馨的冬蓉包、燕麦奶黄包，具有诗情画意的素斋包、家常三丁包……只要掌握了窍门，你也能做出外形美观、馅料饱满的各式包子！

制作包子有讲究

包子从取料到制作都有严格的规程。怎么选面粉，怎么选油，怎么调料，怎么制馅，怎么擀皮都有一定的讲究。

包子面讲究软硬

包子的面，软硬程度可以根据馅料的不同进行调整。如果馅料比较干，面可以和软一些，吃起来口感会很暄软。如果馅料是易出水的，那面就和得略硬一些，包好后，让它多醒发一会儿就好了。

包子皮厚薄讲分寸

包子皮跟饺子皮不一样的是，不需要擀得特别薄，否则，薄薄的一小层，面醒发的再好，也不会有暄软的口感，当然也别太厚了，厚薄适当即可。

擀皮有讲究

擀包子皮时要擀匀了，中间略厚，周边略薄。

用劲要均匀

包包子的时候，用劲要匀，尽量让包子周边的面皮都厚薄均匀，不要因为面的弹性好就使劲拉着捏褶，这样会让包子皮此厚彼薄，油会把薄的那边浸透而影响包子卖相。更不要把包子顶部捏出一个大面疙瘩来，以免影响口感。

包子的做法

1.面团揉匀，搓成长条。　　2.下成大小均匀的剂子。

 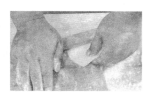

3.均匀撒上一层面粉，按扁。　　4.右手拿擀面杖，左手捏住皮边缘旋转，擀成面皮。

5.将馅料放入擀好的面皮中央。　　6.捏住面皮边缘，折成花边，旋转一周捏紧，即成生坯。

素馅包子

小知识 巧除菠菜涩味

菠菜中含有草酸，这不仅使菠菜带有一股涩味，还会与食物中的钙相结合，产生不溶于水的草酸钙，影响人体对钙质的吸收。只要把菠菜放入开水煮2~3分钟，既可除去涩味，又能减少草酸的破坏作用。

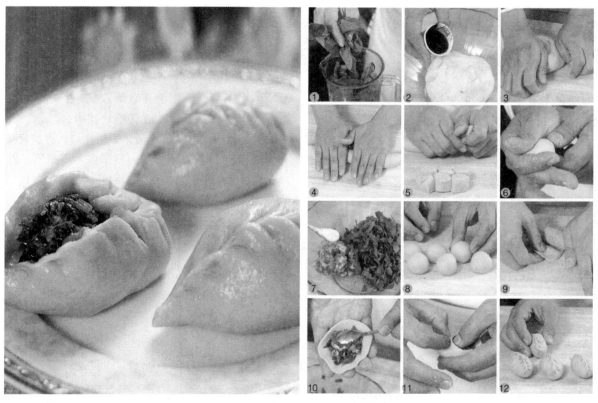

▌秋叶包

材料 面团500克，菠菜100克，猪肉末20克

调料 盐3克，白糖25克，味精4克，麻油、生油各少许

做法

❶将一半菠菜叶洗净放入搅拌机中搅打成菠菜汁。❷再将打好的菠菜汁倒入揉好的面团中。❸揉匀成菠菜汁面团。❹再将面团搓成纯滑的长条。❺将长条摘成大小一致的小剂子。❻再将小剂面团揉至纯滑。❼取另一半菠菜与猪肉末、调味料拌匀成馅。❽将揉好的面团放置案板上。❾再用擀面杖擀成薄面皮。❿取一面皮，内放20克馅料。⓫将面皮的一端向另一端打褶包成秋叶形生胚。⓬将生胚放置案板上醒发1小时，上笼蒸熟即可。

香菇菜包

材料 泡发香菇30克，青菜末20克，豆干丁30克，面团200克

调料 葱花、姜末、香油各10克，盐、味精各2克

做法 ❶青菜末放碗中，调香油拌匀，再加豆干、香菇，调入盐、味精、葱花和姜末拌匀成馅料。❷面团揉匀，搓长条，下小剂子，按扁，擀成面皮。❸将馅料放入面皮中，捏成提花生坯，醒发1小时后，入锅蒸熟即可。

素斋包

材料 豆干丁、香菇丁、红薯粉末、青菜末各20克，面团200克

调料 盐3克，鸡精、姜末、葱、香油各10克

做法 ❶将豆干丁、红薯粉放碗中，加入香菇丁、姜、葱，调入盐、鸡精、香油拌匀，再加青菜拌匀成馅料。❷面团揉匀，搓长条后下成剂，按扁，擀成薄面皮。将馅料放入擀好的面皮中包好。❸做好的生坯醒发1小时，以大火蒸熟即可。

白菜包

材料 豆腐干50克，大白菜100克，面团200克

调料 盐3克，鸡精2克，姜15克

做法 ❶白菜洗净剁末；豆腐干切碎；姜去皮切末。白菜用盐腌15分钟，洗净，加入豆腐干、姜和盐、鸡精拌匀。❷面团揉匀，搓成长条，下剂按扁，擀成薄面皮。❸将拌匀的馅料放入面皮中央，左手托住面皮，右手捏住面皮边缘，旋转一周，捏成提花生坯。❹生坯放置醒发1小时后，入锅中蒸熟即可。

香煎素菜包

材料 面团500克，小塘菜150克，肉末60克

调料 盐、味精、白糖、生抽、麻油各适量

做法 ❶将肉末及盐、味精、白糖、生抽、麻油和切碎的小塘菜放入碗内，搅匀成馅料。❷将面团擀成面皮，取20克肉馅放于面皮上。❸将面皮对折，把边缘的面皮打褶包好，包成顶部留一孔状，即成生坯。❹将生坯醒发1小时左右，再上笼蒸熟取出，入煎锅煎至两面金黄色即可。

肉馅包子

韭菜肉包

材料 面团500克，韭菜250克，猪肉100克

调料 盐20克，白糖35克，味精15克，麻油少量

做法

① 韭菜、猪肉分别洗净，切末，将所有调味料一起拌匀成馅。② 将面团下成大小均匀的面剂，再擀成面皮，取一面皮，内放20克馅料。③ 再将面皮的边缘向中间捏起。④ 打褶包好，放置醒发1小时左右，再上笼蒸熟即可。

重点提示 制韭菜馅时加入猪油，汁多滑嫩。

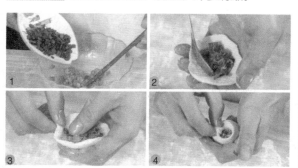

孜然牛肉包

材料 面团500克，牛肉末500克，孜然粉适量

调料 味精、盐、椰浆、白糖、老抽、生抽、五香粉各适量

做法

① 将牛肉末和孜然粉加入所有调味料和匀成馅料，待用。② 将面团下成大小均匀的面剂，再擀成面皮，取20克馅料放入一面皮中。③ 再将包子打褶包好。④ 将包好的生胚放置案板上醒发1小时左右，再上笼蒸熟即可。

重点提示 搅拌牛肉时，加点水才能打至有弹性。

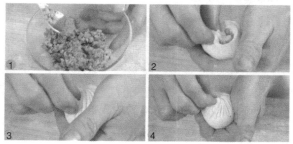

洋葱牛肉包

材料 面团500克，洋葱半个，牛肉末200克

调料 盐20克，白糖35克，味精15克，麻油少量

做法

① 将牛肉、洋葱分别洗净，切成碎粒，盛入碗内，再加入所有调味料一起拌匀成馅。② 将面团下成大小均匀的面剂，再擀成面皮。取一面皮，内放20克馅料。③ 将面皮的一端向另一端捏紧。④ 捏紧后，封住口，将封口捏紧。⑤ 再将其打褶包好。⑥ 将包子生胚放置案板上醒发1小时，蒸熟即可。

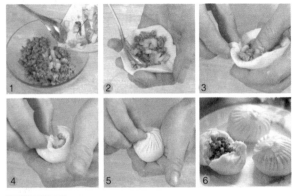

重点提示 切洋葱时可将刀放入冷水中浸一下再切，便不会有辣味。

生肉包

材料 调料面粉、猪肉各500克，泡打粉15克，酵母5克

调料 盐6克，砂糖10克，鸡精7克，葱30克，砂糖100克

做法

① 将面粉、泡打粉混合过筛开窝，加酵母、砂糖、清水拌至糖溶化。② 将面搓匀，搓至面团纯滑，用保鲜膜包起，稍作松弛。③ 将面团分切成每件约30克的小面团，压薄备用。④ 猪肉切碎加入各调味料拌匀成馅。⑤ 用面皮包入馅料。⑥ 收口捏成雀笼形，排入蒸笼稍作松弛，然后用猛火蒸约8分钟即可。

腊味小笼包

材料 面粉、猪油、腊肠、去皮腊肉、京葱、熟糯米粉、牛油各适量

调料 盐、胡椒粉各1.5克，五香粉、糖、鸡精、麻油各适量

做法

① 面粉过筛开窝，中间加入猪油、盐、清水。② 搓匀后将面粉拌入，搓至面团纯滑。③ 用保鲜膜包好，稍作松弛。④ 将面团分切成每个约30克的面团。⑤ 然后压成薄皮备用。⑥ 将各馅料切碎拌匀。⑦ 用薄皮将馅包入，将口收捏成雀笼形状。⑧ 稍作松弛后用猛火蒸约8分钟即可。

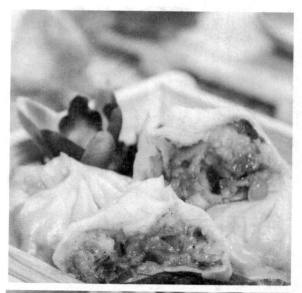

蚝汁叉烧包

材料 面团400克，叉烧肉500克

调料 白糖、酱油、花生油、香油、蚝油各适量

做法

① 叉烧肉洗净切碎，加入白糖、酱油、花生油、香油、蚝油拌匀成馅。② 将面团分成大小均匀的面剂，再擀成面皮，将和好的肉馅放于面皮上。③ 将面皮边缘打褶捏起，收紧接口，生坯放置蒸笼上醒发1个小时，再用旺火蒸约10分钟至熟，取出。

重点提示 叉烧肉是有猪肉做成的，补肾养血，滋阴润燥。

雪里蕻肉丝包

材料 雪里蕻100克，猪瘦肉100克，面团200克

调料 姜、蒜末、葱花、盐、鸡精各适量

做法

① 猪瘦肉洗净切丝；姜去皮切末；葱花、蒜末、姜入油锅中爆香，入肉丝稍炒，再放入雪里蕻炒香，调入盐、鸡精拌匀。② 面团揉匀，搓成长条，下成剂子，按扁，擀成中间厚边缘薄的面皮。③ 将馅料放入擀好的面皮中包好。做好的生坯醒发1小时，以大火蒸熟即可。

鲜肉大包

材料 五花肉馅300克，面团200克

调料 葱、盐各3克，姜、鸡精、香油各15克

做法 ①葱切花；姜切末；肉馅放入碗中，搅成黏稠状，入盐、鸡精、香油、葱花和姜末拌成肉馅。②面团揉匀，搓成条状，下成20克重的小剂子，均匀撒上一层面粉，用手掌按扁，擀成薄面皮。③取肉馅放入面皮中央，左手托面皮，右手捏面皮边缘，旋转一周，捏成生坯，醒发后用大火蒸熟。

灌汤包

材料 面团500克，猪皮冻200克，肉末40克

调料 淀粉、盐、糖、老抽、鸡精各少许

做法 ①将面团来回揉搓，直至成为粗细均匀的圆形长条，再分切成小面团，将面团擀成中间稍厚周边圆薄的面皮。②将猪皮冻切碎后与肉末及所有调料拌匀成馅料。③取少量馅料放在面皮上摊平，开始打褶包好。④将生坯摆入案板上醒发1小时，再上笼蒸熟即可。

五香卤肉包

材料 卤猪肉200克，面团200克

调料 姜、葱、五香粉各15克，盐3克

做法 ①葱切花，姜去皮切末，卤猪肉切条，用五香粉、盐拌匀，腌10分钟，再切碎，加入葱花、姜末拌匀。②面团揉匀，搓成长条，下剂按扁，擀成薄面皮。③将拌匀的馅料放入面皮中央，左手托住面皮，右手捏住面皮边缘，旋转一周，捏成提花生坯。④生坯放置醒发1小时，再入锅中蒸熟即可。

青椒猪肉包

材料 青椒50克，五花肉馅100克，面团200克

调料 姜15克，盐3克，鸡精2克，香油15克

做法 ①青椒洗净去蒂和籽，焯沸水后捞出切碎，姜切末。②肉馅放入碗中，加水和青椒搅匀，调入盐、鸡精、香油和姜末拌匀。③面团揉匀，搓成长条，下剂，撒上一层干面粉，按扁，再擀成薄面皮。④将拌匀的馅料放入面皮中央，包成生坯。⑤包子生坯醒发1小时后，用大火蒸熟即可。

鸡肉包

材料 面团500克，鸡胸肉50克

调料 香葱末、盐、味精、麻油、白糖各适量

做法 ❶将鸡肉和香葱洗净切碎，加入全部调料拌匀成馅料。❷将面团下成大小均匀的面剂，再擀成面皮。取一张面皮，内放20克鸡肉馅料。❸将面皮的一端捏紧，再将面皮的一端向另一端打褶，包成秋叶形状，将封口捏紧。❹将包好的生坯醒发1小时，再上笼蒸熟即可。

榨菜肉丝包

材料 榨菜50克，猪肉100克，面团200克

调料 姜15克，蒜10克，盐3克，鸡精5克

做法 ❶榨菜洗净，猪肉洗净切丝，姜、蒜切末，入油锅中爆香，放入榨菜、肉丝炒香后盛出，调入盐、鸡精拌匀。❷面团搓成长条，下成小剂子，撒上面粉，按扁，擀成薄面皮。❸将馅料放入面皮中央，捏成提花生坯。❹做好的生坯醒发1小时，以大火蒸熟即可。

香葱肉包

材料 葱30克，五花肉馅150克，面团200克

调料 盐、鸡精、香油各10克

做法 ❶葱择洗净切花，肉馅放入碗中加水搅拌至黏稠状，再调入盐、鸡精、香油和葱花拌匀。❷面团揉匀，搓成长条，下剂，均匀撒上一层面粉，按扁，再擀成中间厚边缘薄的面皮。❸将馅料放入擀好的面皮中央，包好即成生坯。❹将生坯放置醒发1小时后，大火蒸熟即可。

家常三丁包

材料 冬笋50克，猪瘦肉100克，泡发香菇30克，面团200克

调料 盐3克，鸡精、香油各10克

做法 ❶猪肉切小丁，香菇、冬笋切丁，切好的材料放入碗中，与盐、鸡精、香油拌匀。❷面团揉匀，下剂，均匀撒上一层面粉，按扁后擀成中间厚边缘薄的面皮。❸将馅料放入擀好的面皮中央，包成提花生坯。❹将生坯放置醒发1小时后，大火蒸熟即可。

香芹猪肉包

材料 香芹、五花肉馅各100克，面团200克

调料 葱末15克，姜末10克，盐3克，鸡精2克

做法

① 香芹洗净焯烫，捞出切碎，挤干水分。② 香芹碎和五花肉馅放入碗中，加水搅拌至黏稠状，调入盐、鸡精和葱、姜拌匀。③ 面团揉匀搓成长条，下成小剂子，撒面粉后按扁，擀成中间厚边缘薄的面皮。将馅料放面皮中央，做成提花生坯。④ 将生坯放置醒发1小时后，大火蒸熟即可。

包菜肉包

材料 豆腐干30克，包菜、五花肉馅各100克，面团200克

调料 盐、鸡精、白糖、姜各5克

做法

① 包菜洗净剁碎；姜切末；豆腐干切丁。② 肉馅、豆腐干放入碗中，加水搅拌至黏稠状，调入盐、鸡精、白糖和姜一起拌匀。③ 面团揉匀，搓长条，再擀成中间厚边缘薄的面皮。④ 将馅料放入面皮中央，做成提花生坯，醒发1小时后，大火蒸熟即可。

四季豆猪肉包

材料 四季豆100克，猪肉、面团各200克

调料 姜、盐、鸡精各适量

做法

① 四季豆洗净切碎、焯水；猪肉剁碎；姜切末。② 将剁好的猪肉放入碗中，加水搅拌，调入盐、鸡精和姜末拌匀，加入四季豆拌匀。③ 面团揉匀、下剂、按扁后擀成面皮。④ 将拌匀的馅料放入面皮中央，做成提花生坯，醒发1小时后，蒸熟即可。

蒸包子不粘底的秘诀

　　想让包子不粘底，可以用油纸铺底，也可以用笼屉布，或者，像现在玉米大量上市的时候，可以在算子上铺上一层玉米皮，那还会让蒸出的包子带有玉米的清香味。如果用屉布，还是粘底了，倒扣过来，拍点凉开水，略等一会儿，揭开就可以了，只是要注意，手要快，动作要轻，用巧劲，别用猛劲。

快速发酵的窍门

　　酵母和面，不需要加碱或者小苏打，如果时间比较紧张，或者天气比较寒冷，不妨多加一些酵母，可以起到快速发酵的效果。

杭州小笼包

材料 面团200克，五花肉馅、皮冻各100克

调料 葱、姜、盐、味精、香油、酱油各适量

做法

① 皮冻洗净切丁；葱择洗净切花；姜去皮切末。② 肉馅放入碗中，调入盐、味精、香油和葱、姜搅至黏稠，淋入香油，加入皮冻和酱油拌匀。③ 面团揉匀，下成小剂，按扁，擀成薄面皮。④ 将拌匀的肉馅放入面皮中央，包成提花生坯。⑤ 将生坯放置醒发1小时后，大火蒸熟即可。

香滑猪肉包

材料 面团300克，肥猪肉100克

调料 椰丝、奶粉、吉士粉、红糖、花生酱各适量

做法

① 肥猪肉加入椰丝、奶粉、吉士粉、红糖、花生酱、炸香的猪油制成馅。② 将面团揉透后，搓成小长条，再摘成小剂，将面剂压扁后，擀成面皮。③ 取一张面皮，放上适量猪肉馅，将面皮从四周向中间包好，将封口处的面皮捏紧。④ 用钳子在包子侧面钳成花形，上笼蒸7分钟即可。

南翔小笼包

材料 面粉500克，猪夹心肉500克

调料 盐、糖、味精、酱油、葱、姜各3克

做法 ❶ 将夹心肉剁成末，加调味料拌和，加水搅拌上劲，放入冰箱冷藏待用。❷ 将面粉加冷水，揉成团后再搓成条，擀成边薄底略厚的皮子，包入馅心，捏成包子形。❸ 上笼用旺火蒸约8分钟，见包子呈玉色，底不粘手即可。

牛肉煎包

材料 鲜牛肉、面粉各100克，发酵粉10克

调料 白糖少许

做法 ❶ 面粉加少许水、白糖，放发酵粉和匀后擀成面皮。❷ 鲜牛肉剁成泥状，成馅，包入面皮中，包口掐成花状，折数不少于18次。❸ 锅中放油，将包坯下锅中，煎至金黄色即可。

冬菜鲜肉煎包

材料 面团500克，肉末、冬菜末各200克，蛋清1个

调料 葱花、鸡精、盐各3克

做法 ❶ 面团搓成条，下成小剂，擀成薄皮。❷ 肉末和冬菜末内加入盐、鸡精，拌匀成馅料。❸ 取一张面皮，上放馅料，包成形，醒发30分钟，上笼蒸5分钟至熟，取出。❹ 包子顶部沾上蛋清、葱花，煎成底部金黄色，取锅内热油，淋于包子顶部，至有葱香味即可。

生煎包子

材料 面粉、猪腿肉、猪皮冻各适量

调料 香葱头粒、盐、味精各适量

做法 ❶ 面粉过筛，加入水、糖，和成面团。猪腿肉绞细，加入盐、味精和水打上劲，再加入猪皮冻拌成馅。❷ 面团搓成长条，切成小剂，再擀薄，放入肉馅及香葱头粒包成鸟笼形生坯。❸ 不粘锅预热，刷油，排入生坯，加水煎至金黄，撒上葱花、熟芝麻，装盘。

海鲜馅包子

虾仁包

材料 面团500克，虾仁250克，猪肉末40克

调料 盐3克，味精2克，白糖10克，老抽、麻油各适量

做法

1 将虾仁去壳洗净，加肉末和盐、味精、白糖、老抽、麻油拌匀成馅。2 将面团下成大小均匀的面剂，再擀成面皮；取一张面皮，内放20克馅料，再将面皮从外向里打褶包好。3 将包好的生坯醒发1小时左右，再上笼蒸熟即可。

鲜虾香菜包

材料 面粉、泡打粉、酵母、甘笋汁、猪肉、虾仁、香菜各适量

调料 糖100克，盐5克，砂糖9克，鸡精7克

做法

1 面粉、泡打粉过筛开窝，加酵母、糖、甘笋汁、清水。2 拌至糖溶化，将面粉拌入，搓至面团纯滑。3 用保鲜膜包好，稍作松弛。4 将面团分切成每个约30克的小面团。5 然后擀薄片备用。6 馅料切碎与调料拌匀成馅。7 用薄面皮将馅包入，将口收捏成雀笼形。8 均匀排入蒸笼内静置松弛，用猛火蒸约8分钟即可。

甜馅包子

莲蓉包

材料 低筋面粉500克，泡打粉、酵母各4克，改良剂25克

调料 莲蓉适量，砂糖100克

做法

❶ 低筋面粉、泡打粉过筛开窝，加糖、酵母、改良剂、清水拌至糖溶化。❷ 将面粉拌入搓匀，搓至面团纯滑。❸ 用保鲜膜包好稍作松弛。❹ 将面团分切成约每个30克的小面团后压薄。❺ 将莲蓉馅包入。❻ 把包口收捏紧成型，稍作静置后以猛火蒸约8分钟即可。

燕麦花生包

材料 低筋面粉、泡打粉、干酵母、改良剂、燕麦粉各适量

调料 花生馅适量，砂糖100克

做法

❶ 低筋面粉、泡打粉一起过筛与燕麦粉混合开窝，加入砂糖、酵母、改良剂、清水拌至糖溶化。❷ 将面粉拌入，搓至面团纯滑，用保鲜膜包起约松弛20分钟。❸ 将面团搓成长条，分切约每个30克的面团。❹ 将面团压薄成面皮。❺ 包入花生馅，将收口收紧。❻ 均匀排上蒸笼内，蒸约8分钟即可。

燕麦豆沙包

材料 低筋面粉、泡打粉、干酵母、改良剂、燕麦粉、豆沙馅各适量

调料 砂糖100克

做法

①面粉、泡打粉过筛与燕麦粉混合、开窝。②加入砂糖、酵母、改良剂、清水搓至糖溶化。③将面粉拌入，搓至面团纯滑，用保鲜膜包好，松弛20分钟。④然后将面团分切每个30克的面团。⑤将面团压成薄皮，包入豆沙馅，将包口收紧成包坯。⑥将包坯放入蒸笼，稍静置后用猛火蒸约8分钟即可。

燕麦奶黄包

材料 低筋面粉、泡打粉、干酵母、改良剂、燕麦粉、奶黄馅各适量

调料 砂糖100克

做法

①低筋面粉、泡打粉一起过筛与燕麦粉混合开窝，加入砂糖、酵母、改良剂、清水拌至砂糖溶化。②将面粉拌入，搓至面团纯滑，用保鲜膜盖起约松弛20分钟。③将面团搓成长条，分切成约30克/个的小面团。④将面团压成面皮。⑤包入奶黄馅，把收口捏紧。⑥排于蒸笼内，静置，再用猛火蒸约8分钟即可。

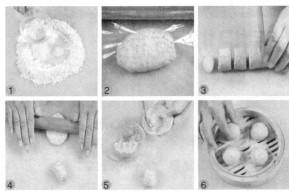

重点提示 可根据个人喜好来增减豆沙馅的用量。

重点提示 在加入清水时，可将清水加热成水温不超过40℃的温水，以帮助面更好地发酵。

豌豆包

材料 面团500克，罐装豌豆1罐

调料 白糖100克

做法 ① 将豌豆榨成泥状，捞出，加入白糖和匀成馅。② 将面团下成大小均匀的面剂，再擀成面皮，取一张面皮，内放豌豆馅。③ 将面皮向中间捏拢，再将包住馅的面皮揉光滑，封住馅口，即成生坯。④ 生坯醒发1小时左右，再上笼蒸熟即可。

冬蓉包

材料 面团500克，冬瓜2000克

调料 白糖100克，椰浆10克

做法 ① 将冬瓜切块，入沸水中稍焯，捞出放入榨汁机中榨成蓉状后取出，加入白糖、椰浆和匀成馅。② 将面团下成大小均匀的面剂，再擀成面皮，取一面皮，内放榨好的的冬蓉馅。③ 将面皮从外向里捏拢，再将包子封住口，放置醒发1小时，上笼蒸熟即可。

贵妃奶黄包

材料 面团200克，奶黄100克

做法 ① 将面团揉匀后下剂，压扁，擀成薄面皮，中间放上奶黄馅。② 将面皮从四周向中间包好，将封口处的面皮捏紧。③ 上笼蒸6分钟至熟即可。

重点提示 奶黄要适量，包子不宜过甜。

相思红豆包

材料 面团500克，红豆馅1000克

调料 黄油少量

做法 ① 取红豆馅，加入黄油，搓匀成长条状，再分成剂子。② 将面团下成面剂，再擀成面皮，取一张面皮，内放入一个红豆馅。③ 将面皮从外向里捏拢，再将包子揉至光滑。④ 将包好的包子放置案板上醒发1小时左右，再上笼蒸熟即可。

香芋包

材料 低筋面粉、泡打粉、干酵母、改良剂、鲮鱼滑各适量

调料 砂糖100克，香菜适量，香芋色香油5克

做法

① 低筋面粉、泡打粉过筛开窝，加糖、酵母、改良剂、清水、香芋色香油。② 拌至糖溶化，将面粉拌入，搓至面团纯滑。③ 用保鲜膜包起，稍作松弛。④ 将面团分切成30克/个的小面团。⑤ 然后擀成薄皮备用。⑥ 鲮鱼滑与香菜拌匀成馅。⑦ 用薄皮包入馅料，将包口收紧捏成雀笼形。⑧ 均匀排入蒸笼内静置松弛，用猛火蒸约8分钟即可。

麻蓉包

材料 面皮10张，白芝麻100克，芝麻酱1/3罐，花生酱20克

调料 黄油20克，淀粉12克，糖15克

做法

① 将白芝麻放入锅中炒香，加入芝麻酱、花生酱、黄油、淀粉、白糖一起拌匀成麻蓉馅。② 取一面皮，内放麻蓉馅，再将面皮从下向上捏拢。③ 将封口捏紧即成生坯，醒发1小时后，上笼蒸熟即可。

重点提示 芝麻中的亚油酸有调节胆固醇的作用。

蛋黄莲蓉包

材料 面团、熟咸蛋黄、莲蓉各适量

做法

① 将熟咸蛋黄对切。取莲蓉馅搓成长条，摘成小剂子，内按上咸蛋黄。② 将面团下成面剂，再擀成面皮，取一张面皮，放莲蓉蛋黄馅。③ 将面皮从外向里捏拢，将面皮与馅按紧，再将包子揉至光滑，然后将包子的封口处捏紧成生坯。④ 包子生坯醒发1小时左右，蒸熟即可。

糯米包

材料 糯米（蒸熟）100克，面团150克

调料 白糖30克

做法

① 将糯米放入碗中，调入白糖拌匀。

② 砧板上撒一层面粉，取出面团揉匀，再搓成细长条，下成大小均匀的剂子，按扁，擀成薄面皮。

③ 将馅料放入面皮中央，挤成花瓶状，即成生坯。

④ 将生坯放置醒发1小时后，大火蒸熟即可。

透明水晶包

材料 面团300克

调料 白奶油20克，奶黄20克

做法

① 将面团切成小面剂，再擀成薄面皮。

② 取适量奶黄馅置于面皮之上，将面皮包起来。

③ 取一张面皮，包上白奶油馅，将包好的包子上笼蒸5分钟即可。

椰香芋蓉包

材料 面团500克，芋蓉30克，椰汁适量

做法

① 将椰汁倒入面团揉匀揉透，搓成长条，摘成剂。

② 将面剂压扁，包入芋蓉馅。

③ 将面皮包好，封口处捏好。

④ 上笼蒸6分钟至熟即可。

重点提示 包子做好后放置约半小时再入蒸笼。

清香流沙包

材料 面团150克，流沙馅50克

调料 糖5克

做法

① 将面团加糖揉匀后，搓成长条，摘成20克一个的小剂，再擀成面皮。

② 取一张面皮，内放10克流沙馅，将面皮从四周包起来，直至包成型，放置醒发半小时。

③ 将流沙包放入蒸笼蒸熟即可。

第 4 部分
饺子馄饨

饺子以其快捷多样，食用方便，已成为现代人忙碌生活中不可缺少的健康美食。馄饨是中国汉族的传统面食，用薄面皮包馅儿，煮熟后带汤食用，也是大家钟爱的美食。做出不同类型的饺子皮和馄饨皮，调出味道各异的馅料，你就能做出花样饺子和馄饨来。千姿百态的饺子，煎煮蒸炸样样鲜；皮薄馅多的馄饨，汤汁鲜美，满口生津。

巧制饺子馄饨

饺子、馄饨作为中国人的传统美食，深受人们的喜爱。制作好的饺子、馄饨热气腾腾，皮薄馅大，汁水丰富，让人看着就有食欲。尝来满口鲜香，佐以醋等作料更是别具风味。那么，如此美味的饺子、馄饨究竟是如何制作的呢？

 ## 快制饺子皮

将面粉加水调和并揉捏后放在案板上，按照需要制成薄片。然后，用瓶盖、杯口等，压在制好的面皮上拧几下即可。

 ## 巧拌多汁饺子馅

要想保持饺子馅的汁水，关键在于将菜馅切碎后，不要放盐，只需浇上点食用油搅拌均匀，然后再跟放足盐的肉馅拌匀即可。这样就能使饺子馅保持鲜嫩而有水分。

 ## 防饺子馅出汤

包饺子时，常常会碰到馅出汤，只需将饺子馅放入冰箱冷冻室内速冻一会儿，馅就可把汤吃进去了，且特别好包。

 ## 巧煮饺子不粘锅

为了防止饺子粘在一块，可在 500 克面粉中加 1 个鸡蛋，使饺子皮结实。在煮的时候，放几段大葱在锅内。在水烧开后加入少量食盐，等盐完全溶化后，再将饺子放进锅里，盖上锅盖，直至完全煮熟，不需再加水，也不要翻动。当饺子煮熟快要出锅的时候，将其放入温水中浸泡一下，饺子表面的面糊即会溶解，这时再装入盆里时就不会再黏结了。

 ## 巧做馄饨

选择高筋面粉，加水量不要太多，和面时要多揉面，这样做好的面皮比较筋道，不容易煮烂。如果做菜肉馅馄饨，还可以把多余的菜汁揉到面里。面粉中加少许淀粉，用热水和面，擀皮的时候用淀粉做扑粉，这样做出来的馄饨皮就是透明的。

做肉馅馄饨时，肉最好不用刀切，而是用木棒捶打，再在肉泥里加入盐、味精、胡椒粉等调料，这样做出来的肉馅很滑、很嫩，口感非常好。

水饺

韭菜水饺

材料 面粉500克，韭菜、猪肉各100克，马蹄肉25克

调料 盐3克，鸡精、糖各8克，猪油、麻油、胡椒粉各少许

做法

① 面粉过筛开窝，中间放入猪油、盐、清水拌匀。② 然后将面粉拌搓均匀，搓至面团纯滑时用保鲜膜包好，松弛备用。③ 馅料部分切碎拌匀备用。④ 面团松弛后压成薄皮，用切模轧成饺皮。⑤ 将馅料包入，然后捏紧收口成型。⑥ 将成型的饺子排入蒸笼，蒸约6分钟熟透即可。

家乡咸水饺

材料 糯米粉500克，猪油、澄面、猪肉各150克，虾米20克

调料 糖100克

做法

① 用清水将糖煮开，加入糯米粉、澄面。② 将面粉烫熟后倒出在案板上搓匀。③ 加入猪油搓至面团纯滑，搓成长条状，分切成30克/个的小面团后压薄。④ 猪肉切碎与虾米加调料炒熟。⑤ 用压薄的面皮包入馅料，将包口捏紧成型。⑥ 以150℃油温炸成浅金黄色熟透即可。

大白菜水饺

材料

肉馅250克，饺子皮500克，大白菜100克

调料

盐、味精、糖、麻油各3克，胡椒粉少许，生油少许

做法

① 大白菜洗净，切成碎末。

② 将大白菜加入肉馅中，再放入所有调味料一起拌匀成馅料。

③ 取一饺子皮，内放20克的馅料。

④ 将面皮对折。

⑤ 将面皮的边缘包起，捏成饺子形。

⑥ 再将饺子的边缘扭成螺旋形。

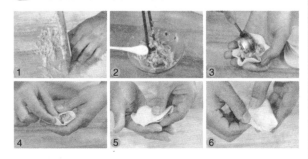

重点提示 大白菜应先入锅氽一下，以去涩味。

菠菜水饺

材料

肉馅250克，饺子皮500克，菠菜100克

调料

糖5克，味精、盐、麻油各3克，胡椒粉、生油各少许

做法

① 菠菜洗净，切成碎末状。

② 在切好的菠菜与肉馅内加入所有调味料一起拌匀成馅。

③ 取一饺子皮，内放20克的肉馅。

④ 将饺子皮的两角向中间折拢。

⑤ 然后将中间的面皮折成鸡冠形。

⑥ 再将鸡冠形面皮掐紧，即成生胚。

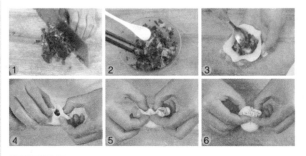

重点提示 馅料拌好后应先放入冰箱里定型，会更好包一些。

羊肉玉米饺

材料

羊肉250克，玉米100克，饺子皮500克

调料

盐、味精、麻油各3克，糖2克，胡椒粉、生粉各少许

做法

1. 羊肉洗净，切成碎末。
2. 加入玉米粒拌匀，再加入所有调味料。
3. 拌匀成馅。
4. 取一饺子皮，内放20克的馅。

5. 将面皮对折。
6. 封口处捏紧，再将面皮边缘捏成螺旋形即可。

重点提示 先用盐和生粉搅拌羊肉，会更鲜嫩。

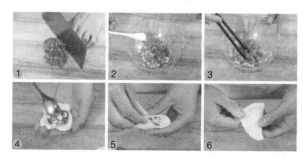

金针菇饺

材料

鲜肉馅300克，金针菇500克，饺子皮200克

调料

味精适量

做法

1. 金针菇洗净入沸水中氽烫，捞起后放冷水中冷却。
2. 将冷却的金针菇切粒，加盐与肉馅拌匀。
3. 取一饺子皮，内放适量金针菇馅。
4. 再将面皮对折，捏紧成饺子形，再下入沸水中煮熟即可。

小知识 用茶叶做馅

包馄饨、饺子时，在馅里放一点茶叶，可清口、代替料酒去腥气膻气。具体做法是：绿茶在泡过两遍后，把茶叶捞出来晾干，剁上两刀后和上肉馅，再放进调料，这样包出的馄饨和饺子，吃起来风味独特、清香可口。

三鲜水饺

材料 鱿鱼100克，虾仁100克，鱼肉100克，饺子皮300克

调料 盐、麻油各3克，糖6克，味精、胡椒粉、生油各少许

做法

①将三种原材料均洗净，剁成泥状。②在剁好的原材料内加入所有调味料一起拌匀成馅。③取一饺子皮，内放20克的馅。④将面皮对折，封口处捏紧，再将面皮边缘捏成螺旋形。

鲜虾水饺

材料 虾仁250克，饺子皮500克

调料 盐、味精、麻油各3克，糖5克，胡椒粉、生油各少许

做法

①虾仁洗净剁成虾泥。②在剁碎的虾泥内加入所有调味料一起拌匀成馅料。③取一饺子皮，内放20克的馅。④将面皮对折，封口处捏紧，再将面皮从中间向外面挤压成水饺形。

冬笋水饺

材料 肉馅250克，冬笋100克，饺子皮500克

调料 盐、味精、糖、麻油各适量

做法 ❶冬笋洗净，切成粒状，入沸水中稍焯后捞出。❷在冬笋粒与肉馅内加入其他调料，一起拌匀成馅。❸取一饺子皮，内放20克的肉馅，将饺子皮的两角向中间折拢，折成十字形后捏紧。❹将边缘的面皮捏成波浪形，即成水饺生坯，再将水饺生坯入锅中煮熟即可。

韭黄水饺

材料 肉馅250克，韭黄100克，饺子皮500克

调料 盐、糖各3克

做法 ❶将韭黄洗净，切成碎末，拌入肉馅，加入其他调料一起拌匀成馅。❷取一饺子皮，内放20克的肉馅，将面皮成半圆形对折封好，捏紧边缘，再将面皮从中间向外面挤，松手即成饺子生坯。❸水饺生坯入沸水中煮熟即可。

钟水饺

材料 饺子皮100克，肉末、猪皮冻各150克

调料 姜、葱各3克，盐、高汤各适量

做法 ❶猪皮冻、姜、葱均切碎；肉末加皮冻、姜、葱拌匀，加盐、高汤，用筷子拌匀，顺着一个方向搅拌至肉馅上劲。❷将饺子皮取出，包上馅，做成木鱼状。❸锅中加水煮开，放入生水饺，大火煮至水饺浮起时，重复加水煮开，煮至饺子再次浮起即可。

茄子饺

材料 猪肉馅、茄子各150克，饺子皮200克

调料 生姜末、葱花各10克，腌辣椒末、蒜泥各15克，糖50克，豆瓣酱25克，盐各少许

做法 ❶茄子先去皮后切成小丁。❷锅中加少许油煸炒豆瓣酱，再加入猪肉馅炒透，放入茄丁、汤及剩余调料，稍煮一下即成茄子馅。❸取一饺子皮，内放适量茄子馅。❹再将面皮对折，捏上花边，成饺子形，下入沸水中煮熟即可。

鸡肉饺

材料 鸡脯肉20克，水饺皮500克

调料 盐、蚝油各3克，糖5克，生抽少许

做法

① 鸡脯肉洗净，切成碎末，加入其他调料一起拌匀成馅。

② 取一饺子皮，内放20克的鸡肉馅，将面皮对折，封口处捏紧，再将面皮从中间向外面挤压成水饺形。

③ 最后将水饺入沸水锅中煮熟即可。

萝卜牛肉饺

材料 牛肉250克，胡萝卜15克，饺子皮500克

调料 盐3克，糖10克，胡椒粉、生抽各少许

做法

① 胡萝卜洗净，切成碎末，加入切好的牛肉中，再加入其他调料一起拌匀成馅。

② 取一饺子皮，内放20克的牛肉馅，将面皮对折，封口处捏紧，再将面皮从中间向外面挤压成水饺形。

③ 再将水饺下入沸水锅中煮熟即可。

鱼肉水饺

材料 饺子皮150克，鱼肉75克

调料 姜、葱各20克，盐2克，料酒少许

做法

① 鱼肉中加入料酒，剁成泥，姜、葱亦剁成泥。

② 鱼肉泥加盐、姜末、葱末，用筷子拌匀，搅拌至肉馅上劲，即成鱼肉酱。

③ 将水饺皮取出，包入鱼肉馅，做成木鱼状生水饺坯。

④ 锅中加水煮开，放入生水饺，用大火煮至水饺浮起时，加入一小勺水，煮至饺子再次浮起即可。

茴香水饺

材料 小茴香20克，猪肉200克，饺子皮15个

调料 盐、鸡精各5克，十三香3克

做法 ❶猪肉洗净剁成泥；小茴香洗净切碎。❷将猪肉放入碗中，加入小茴香，调入盐、十三香、鸡精拌匀。❸将拌匀的馅料包入饺子皮中，入开水锅中煮2分钟至熟，捞出装盘即可。

上汤水饺

材料 面粉200克，青菜2根，肉100克，红椒1个

调料 葱3根，盐、醋各少许

做法 ❶将面和好，擀成饺子皮；将肉剁成末，红椒切成粒，葱切花，加少许盐拌匀即成馅。❷将已做好的馅包在饺子皮内，锅内放水烧开，将饺子放入锅中煮熟。❸锅中调入少许盐、红椒、葱、青菜，淋入少许醋，出锅即可。

鲜肉水饺

材料 肉馅250克，饺子皮500克

调料 盐、糖各3克，味精5克

做法 ❶取适量的肉馅盛入碗内，加入盐、味精、糖，用筷子搅拌均匀。❷取一饺子皮，内放20克的肉馅，再将面皮对折包好，将包好馅的饺子从两边向中间挤压，直至成饺子形。❸将饺子下入沸水中煮熟即可。

酸汤水饺

材料 面粉200克，肉100克，香菜50克

调料 姜1块，葱1根，盐2克，鸡精1克，醋适量

做法

❶先将葱、姜、肉洗净剁成末，放在一起，加入盐、鸡精拌匀。❷将面粉加水和好，擀成饺子皮后，将调好的馅包在饺子皮内制成饺子。❸锅中烧水，放入饺子煮熟，锅中放入醋和少许盐、清汤、香菜调匀即可。

蒸饺

墨鱼蒸饺

材料 墨鱼300克，面团500克

调料 盐5克，味精6克，白糖8克，麻油少许

做法

① 墨鱼洗净，剁成碎粒。② 加入所有调味料。③ 再和调味料一起拌匀成馅。④ 取20克馅放于面皮之上。⑤ 将面皮从三个角向中间收拢。⑥ 包成三角形状。⑦ 再捏成金鱼形，即成生胚。⑧ 入锅蒸8分钟至熟即可。

鸡肉大白菜饺

材料 鸡脯肉250克，大白菜、饺子皮各100克

调料 盐3克，白糖8克，淀粉少许

做法

① 鸡肉洗净剁成蓉，大白菜洗净切成碎末；盐、白糖、淀粉与鸡肉、白菜一起拌匀成馅料。② 取一饺子皮，内放20克馅料，将面皮从外向里折拢，将饺子的边缘捏紧，再将面皮捏成花边，即成饺子形生坯。③ 将做好的饺子入锅中蒸熟即可。

小榄粉果

材料 瘦肉、肥肉各50克，胡萝卜20克

调料 香菜10克，生粉50克，猪油20克，糖3克，味精、鸡精各2克，盐、胡椒粉、蚝油各5克

做法 ❶瘦肉剁泥，肥肉剁泥，胡萝卜切丝，香菜切末。将切好的材料放入碗内，调入盐、糖、味精、鸡精、胡椒粉、蚝油做成馅料。❷猪油、生粉加少许水和成粉团，分成5份，放入馅料包好。❸入蒸笼中上火蒸5分钟至熟即可。

薄皮鲜虾饺

材料 面团200克，馅料100克（内含虾肉、肥膘肉、竹笋各适量）

做法 ❶将面团擀成面皮，再取适量馅料置于面皮之上。❷再将面皮从四周向中间打褶包好。❸包好后，放置醒发半个小时，再上笼蒸7分钟，至熟即可。

虾仁韭黄饺

材料 虾仁200克，韭黄100克，饺子皮500克

调料 盐5克，味精3克，白糖8克，淀粉少许

做法 ❶韭黄、虾仁洗净，切成粒，加入盐、味精、白糖、淀粉一起拌匀成馅。❷取一面皮，内放20克馅料，面皮从外向里捏拢，再将面皮的边缘包起，捏成饺子形。❸再将饺子的边缘扭成螺旋形，入锅中蒸6分钟至熟即可。

三鲜凤尾饺

材料 面粉300克，菠菜200克，鱿鱼、火腿、鱼各10克，香菇5朵，蛋清3个

调料 盐5克，味精2克，葱2根，姜1块

做法 ❶将菠菜洗净余水，剁成蓉加水和面，擀成面皮；把鱿鱼、火腿、香菇切成丁；鱼去皮、刺，切成蓉。❷加入蛋清，调入盐、味精和所有的原材料，拌匀，包成饺子。❸饺子放入锅内，蒸熟即可。

家乡蒸饺

材料 面粉500克，韭菜200克，猪肉滑100克，上汤200克

调料 盐1克，鸡精2克，糖3克，胡椒粉3克

做法

① 面粉过筛开窝，加清水拌匀。② 搓至面团纯滑。③ 面团稍作松弛后分切成10克/个的小面团。④ 擀压成薄面皮状备用。⑤ 馅料切碎与调味料拌匀成馅，用薄皮将馅料包入。⑥ 然后将收口捏紧成型，均匀排入蒸笼内，用猛火蒸约6分钟。

重点提示 面团一定要软硬适中。

牛肉大葱饺

材料 牛肉300克，大葱80克，饺子皮500克

调料 盐8克，味精3克，糖5克

做法

① 牛肉洗净剁成肉泥，大葱洗净切成粒。② 牛肉、大葱内加入盐、味精、糖一起拌匀成馅料。③ 取一饺子皮，内放20克馅料，面皮从外向里收拢，在肉馅处捏好，再将顶上的面皮捏成花形。④ 用韭菜在馅料与花形之间绑好，再入锅蒸好即可。

 小知识 尝味道选购盐

纯净的食盐洁白而有光泽，色泽均匀，晶体正常有咸味。若带有些苦涩味，则说明铁、钙等水溶性的杂质太多，品质不良，不要食用。另外，盐里面的碘容易挥发，因此，一次不要买得太多。

芹菜肉馅蒸饺

材料 芹菜、饺子皮各200克，瘦肉300克

调料 盐3克，酱油、味精、十三香各5克，鲜汤适量

做法

① 芹菜择洗净，和瘦肉一起剁成泥，调入盐、酱油、味精、十三香，加入鲜汤拌匀成馅备用。② 取一水饺皮，加入适量馅，包成饺子，上笼蒸10分钟即可。

荞麦蒸饺

材料 荞麦面400克，西葫芦250克，鸡蛋2个，虾仁80克

调料 盐、姜各5克，葱6克

做法

① 荞麦面加水和成面团，下剂擀成面皮。② 虾仁剁碎，炒鸡蛋切成碎末，西葫芦切丝用盐腌一下，加入盐、姜、葱和成馅料。③ 取面皮包入适量馅料成饺子形，入锅蒸8分钟至熟即可。

翠玉蒸饺

材料 菠菜、面粉各500克，猪肉750克

调料 盐、味精各1克

做法 ①菠菜榨汁和面粉搅和在一起，搓成淡绿色面团。猪肉剁碎和盐、味精、食用油调和拌成馅。②把面团搓成条，擀成水饺皮形状，包入猪肉馅，捏成饺子形状。③上笼用旺火蒸熟即可。

云南小瓜饺

材料 云南小瓜50克，猪肉20克，虾仁10克，面粉30克

调料 盐、糖各少许，淀粉50克

做法 ①将淀粉、面粉加水拌匀，搓成面团，擀成面皮。②小瓜切粒，焯水，脱水去味。③猪肉、虾仁切小粒，与小瓜拌匀，加盐、糖搅匀成馅料。④将馅料包入面皮中，捏成型，蒸3 4分钟即可。

野菌鲜饺

材料 鲜肉200克，牛肝菌、虎掌菌各100克，马蹄50克，面粉300克

调料 盐5克

做法 ①鲜肉剁碎成肉末；牛肝菌、马蹄、虎掌菌斩碎。②把牛肝菌、虎掌菌、盐和匀，掺入肉末制成馅。③面粉用水和匀，制成饺皮。④把馅包入饺皮内，即成野菌鲜饺，上笼蒸10分钟即可。

特色螺肉饺

材料 素螺肉15克，猪肉10克，面粉适量

调料 盐、麻油、胡椒粉、淀粉各适量

做法 ①将面粉、淀粉加水拌匀，揉成面团，擀成面皮。②猪肉洗净、切粒，将肉粒、素螺肉与盐、麻油、胡椒粉调成馅。③将馅料包入面皮中成饺子生坯，入蒸锅中蒸5分钟至熟即可食用。

饺子不粘连小窍门

在1斤面粉里掺入6个蛋清，使面里蛋白质增加，包的饺子下锅后蛋白质会很快凝固收缩，饺子起锅后收水快，不易粘连。

猪肉韭菜饺

材料 猪肉末600克，韭菜150克，饺子皮500克
调料 盐8克，味精3克，白糖7克，老抽少许
做法
① 韭菜洗净，切成碎末，再加入盐、味精、白糖、老抽一起拌匀成馅。② 取一面皮，放馅料，将面皮从四个角向中间收拢，先将其捏成四角形，再将面皮的边缘包起，捏成四眼形即成。③ 做好的饺子入锅中蒸6分钟至熟即可。

哈尔滨蒸饺

材料 面粉700克，韭菜、猪瘦肉各200克
调料 盐、香油各5克，酱油3克，鲜汤适量
做法
① 将面粉加入少许清水，拌和成面团，用湿布盖住搁置几分钟。② 韭菜择洗干净和瘦肉一起剁成泥，调入盐、酱油、香油，拌匀成馅。③ 将面团分成小团，擀成饺子皮，每块饺子皮包住一匙馅，做成饺子，再上锅蒸10分钟即可。

煎饺

北方煎饺

材料 面粉30克，韭菜、猪肉10克

调料 盐、味精、糖、鸡精、麻油各少许

做法

① 将面粉加开水擀成面皮。② 韭菜洗净后切成段，过开水后，脱干水；将猪肉剁碎，加盐、味精、糖、鸡精、麻油拌匀做馅。③ 韭菜、猪肉馅包入面皮内，包好后蒸4~5分钟至熟，于油锅中煎至金黄色。

澳门煎饺

材料 水饺皮12块，肉100克，葱3根，韭菜50克

调料 盐、味精各1克，高汤200毫升

做法

① 先将肉剁成细末，葱切末，韭菜洗净切成粒备用。② 将肉、葱、韭菜放在一起，加入盐、味精，拌匀，包入饺子皮内。③ 锅内放油烧热，放入饺子煎至金黄色至熟，摆入盘内即可。

冬菜猪肉煎饺

材料 冬菜50克，猪肉末400克，饺子皮500克

调料 盐6克

做法

1. 将猪肉剁成泥后与冬菜一同盛入碗内，再加入盐拌匀成馅。

2. 取一饺子皮，内放20克馅料，将饺子皮对折包好，再将饺子皮的封口处捏紧。

3. 将做好的饺子入锅蒸熟后取出，再入煎锅煎至金黄色即可。

胡萝卜猪肉煎饺

材料 猪肉末400克，胡萝卜100克，饺子皮500克

调料 盐6克，淀粉少许

做法

1. 胡萝卜洗净，切成碎末，盛入碗内，加入猪肉末、盐、淀粉拌匀成馅。

2. 取一饺子皮，内放20克馅料，将饺子皮从三个角向内捏成三角形状，再将三个边上的面皮捏成花形。

3. 把饺子入锅中蒸熟后取出，再入煎锅中煎至面皮金黄色即可。

鲜肉韭菜煎饺

材料 肉末300克，韭菜100克，饺子皮500克

调料 盐6克，味精3克，白糖6克，香油少许

做法

1. 韭菜洗净，切成碎末，加入肉末及盐、味精、白糖、香油一起拌匀成馅。

2. 取一饺子皮，内放20克馅料，再将饺子皮对折包好，把饺子的边缘捏好，即成生坯。

3. 再将饺子入笼蒸好后取出，入煎锅中煎成两面金黄色即可。

孜然牛肉大葱煎饺

材料 牛肉300克，大葱100克，饺子皮500克

调料 盐5克，老抽、孜然粉各10克

做法 ❶牛肉、大葱分别洗净，切成碎末盛入碗内，再将孜然粉和盐、老抽一起加入碗内拌匀成馅。❷取一饺子皮，内放馅料，将饺子皮对折包好，封口处捏紧，再将边缘的面皮捏成花边形。❸将做好的饺子入锅蒸熟后取出，再入煎锅煎至金黄色即可。

雪里蕻鲜肉煎饺

材料 雪里蕻150克，饺子皮、肉末各500克

调料 盐6克，淀粉少许，料酒少许

做法 ❶将肉末与雪里蕻盛入碗内，再加入料酒、盐、淀粉一起拌匀成馅料。❷取一饺子皮，内放20克馅料，将饺子皮对折，捏牢中间，再将饺子皮的封口处捏紧，将两端向中间弯拢做成元宝形。❸将做好的饺子入锅蒸熟后取出，再入煎锅煎至金黄色即可。

芹菜香菜牛肉煎饺

材料 牛肉300克，芹菜80克，饺子皮500克

调料 香菜少许，盐4克，味精3克，糖6克

做法 ❶芹菜、香菜、牛肉分别洗净，切成碎末，加入盐、味精、糖一起拌匀成馅。❷取一水饺皮，内放20克馅料，将饺子皮对折包好，封口处捏紧，然后包成半圆形，将饺子的边缘捏成螺旋形。❸将做好的饺子入锅蒸熟后取出，再入煎锅煎至金黄色即可。

北京锅贴

材料 锅贴皮20个，猪肉100克

调料 葱10克，姜、盐、葱油、料酒各5克，香油3克

做法 ❶猪肉洗净剁成肉泥；葱切花；姜切末。❷将姜、葱及剩余用料调入猪肉泥中拌匀，包入锅贴皮中。❸锅中注油烧热，放入锅贴，煎5分钟至金黄色即可。

榨菜鲜肉煎饺

材料 猪肉末300克，榨菜60克，饺子皮500克

调料 盐4克，淀粉少许

做法 ① 榨菜洗净，切成碎末，再加入肉末、盐、淀粉一起拌匀成馅。② 取一水饺皮，内放20克馅料，将饺子皮对折包好，然后挤压成形，再将封口处捏紧。③ 将做好的饺子入锅蒸熟后取出，再入煎锅煎至金黄色即可。

冬笋鲜肉煎饺

材料 肉末400克，冬笋100克，饺子皮500克

调料 盐6克，淀粉少许

做法 ① 冬笋洗净，切成碎末，加入肉末、盐、淀粉一起拌匀成馅。② 取一饺子皮，内放20克馅料。③ 再取一面皮，将馅料盖好，饺子皮边缘扭成螺旋形。④ 将做好的饺子入锅蒸熟后取出，再入煎锅煎至金黄色即可。

菜脯煎饺

材料 饺子皮200克，菜脯150克，马蹄100克，胡萝卜30克，猪肉150克

调料 盐3克，糖7克，淀粉25克，鸡精5克，油少许

做法 ① 猪肉切成肉蓉，加入盐拌至起胶。加入鸡精、糖拌匀，然后加入淀粉拌匀。马蹄、菜脯、胡萝卜切粒加入再拌匀。② 加入生油、麻油拌匀成馅。③ 用饺子皮包入馅料，将包口捏紧成型。④ 将做好的饺子均匀地排入蒸笼，用猛火蒸约8分钟蒸熟，待凉冻后下油锅煎至金黄色即可。

杭州煎饺

材料 猪肉、面粉各400克

调料 葱花、姜末各少许，盐、酱油、醋各10克

做法 ① 猪肉剁成馅，加入盐、葱花、姜末、酱油拌匀待用。② 将揉好的面粉放在案板上擀成饺皮，包入调好的馅料待用。③ 取煎锅，放油，摆入包好的饺子，煎熟至底焦硬即可，装盘和醋一同上桌。

馄饨

包菜馄饨

材料 鲜肉馅200克，包菜、馄饨皮各100克

调料 葱花15克，盐各适量

做法

❶包菜洗净后切粒，加入盐略腌。❷包菜挤干水分加盐后与肉馅及葱花拌匀成馅料。❸取一馄饨皮，内放适量包菜肉馅，再将饨馄皮对折起来。❹从两端向中间弯拢后，即可下入沸水中煮熟食用。

玉米馄饨

材料 玉米250克，猪肉末150克，葱20克，馄饨皮100克

调料 盐6克，味精4克，白糖10克，香油10克

做法

❶玉米剥粒洗净，葱洗净切花。❷将玉米粒、猪肉末、葱花放入碗中，调入调味料拌匀。❸将馅料放入馄饨皮中央。❹将馄饨皮两边对折，边缘捏紧。❺将捏过的边缘前后折起。❻捏成鸡冠形状即可。❼锅中注水烧开，放入包好的馄饨。❽盖上锅盖煮3分钟即可。

小知识 巧选萝卜

用手指背弹碰萝卜的腰部，声音沉重、结实的不糠心，如声音混浊则多为糠心萝卜。

萝卜馄饨

材料 白萝卜250克，猪肉末150克，葱20克，馄饨皮100克

调料 盐5克，味精4克，白糖10克，香油10克

做法

① 白萝卜去皮洗净切丝，葱洗净切花，将白萝卜、猪肉末、葱花放入碗中，调入调味料拌匀。② 将馅料放入馄饨皮中央，将馄饨皮两边对折。③ 将馄饨皮边缘捏紧，将捏过的边缘前后折起。④ 捏成鸡冠形状即可。⑤ 锅中注水烧开，放入包好的馄饨。⑥ 盖上锅盖煮3分钟即可。

花素馄饨

材料 胡萝卜丁200克，韭黄、泡发香菇各50克，馄饨皮100克

调料 盐5克，味精3克，白糖8克，香油少许

做法

① 胡萝卜丁切粒，韭黄切粒，泡发香菇切粒。② 将所有原材料放入碗中，调入调味料拌匀。③ 将馅料放入馄饨皮中央，慢慢折起，使馄饨皮四周向中央靠拢。④ 直至看不见馅料，再将馄饨皮捏紧。⑤ 捏至底部呈圆形。⑥ 锅中注水烧开，放入包好的馄饨，盖上锅盖煮3分钟即可。

韭菜猪肉馄饨

材料 韭菜100克，猪肉末500克，馄饨皮100克

调料 盐5克，味精3克，白糖10克，香油20克

做法

① 韭菜洗净切粒。② 将韭菜粒、猪肉末放入碗中，调入调味料拌匀。③ 将馅料放入馄饨皮中央，取一角向对边折起。④ 折成三角形状。⑤ 将边缘捏紧即成。⑥ 锅中注水烧开，放入包好的馄饨，盖上锅盖煮3分钟即可。

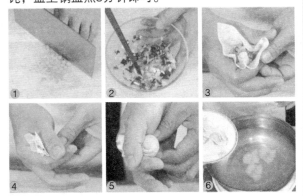

重点提示 煮馄饨的过程中，用锅铲轻轻翻动，馄饨就不会粘锅。

重点提示 若在馅料中加入少许猪油会更香。

梅菜猪肉馄饨

材料 梅菜100克，猪肉末150克，馄饨皮100克
调料 盐5克，味精5克，白糖18克
做法

①梅菜洗净切碎。②将梅菜、猪肉末放入碗中，加入调味料拌匀。③将馅料放入馄饨皮中央，将馄饨皮边缘从一端向中间卷起。④卷至皮的一半处。⑤再将两端捏紧。⑥锅中注水烧开，放入包好的馄饨，盖上锅盖煮3分钟即可。

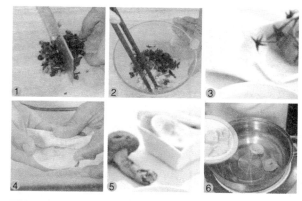

重点提示 因梅菜有咸味，要先用水洗去多余的盐分，才不至于过咸。

猪肉馄饨

材料 五花肉馅200克，葱50克，馄饨皮100克
调料 盐4克，味精5克，白糖10克，香油少许
做法

①肉馅中加少许水剁至黏稠状，葱切花。②将肉馅放入碗中，加入葱花，调入调味料拌匀。③将馅料放入馄饨皮中央，慢慢折起，使馄饨皮四周向中央靠拢。④直至看不见馅料，再将馄饨皮捏紧。⑤捏至底部呈圆形。⑥锅中注水烧开，放入包好的馄饨，盖上锅盖煮3分钟即可。

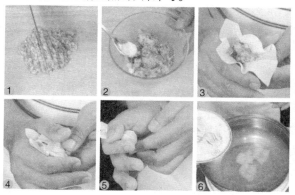

重点提示 剁肉馅时加少许水，吃时有汁、润口。

鸡蛋馄饨

材料 鸡蛋1个，韭菜50克，馄饨皮50克

调料 盐5克，味精4克，白糖8克，香油少许

做法

① 韭菜洗净切粒，鸡蛋煎成蛋皮切丝。② 将韭菜、蛋丝放入碗中，调入调味料拌匀。③ 将馅料放入馄饨皮中央，取一角向对边折起。④ 折至三角形状。⑤ 将边缘捏紧即成。⑥ 锅中注水烧开，放入包好的馄饨，盖上锅盖煮3分钟即可。

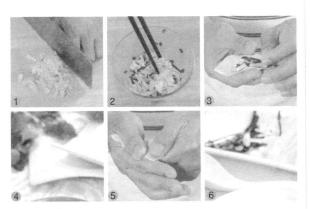

重点提示 鸡蛋不要煎得太久，煎至成型即可。

鸡肉馄饨

材料 鸡脯肉100克，葱20克，馄饨皮50克

调料 盐5克，味精4克，白糖10克，香油少许

做法

① 鸡脯肉洗净剁碎，葱洗净切花。② 将鸡脯肉放入碗中，加入葱花，调入调味料拌匀。③ 将馅料放入馄饨皮中央，慢慢折起，使馄饨皮四周向中央靠拢。④ 直至看不见馅料，再将馄饨皮捏紧，捏至底部呈圆形。⑤ 锅中注水烧开，放入包好的馄饨。⑥ 盖上锅盖煮3分钟即可。

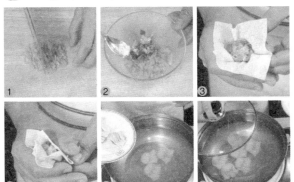

重点提示 调制馅料时加少许油，鸡肉会更香滑。

牛肉馄饨

材料 牛肉200克，葱40克，馄饨皮100克

调料 盐5克，味精4克，白糖10克，香油10克

做法

①牛肉切碎，葱切花。②将牛肉放入碗中，加入葱花，调入调味料拌匀。③将馅料放入馄饨皮中央，慢慢折起，使馄饨皮四周向中央靠拢。④直至看不见馅料，再将馄饨皮捏紧。⑤捏至底部呈圆形。⑥锅中注水烧开，放入包好的馄饨，盖上锅盖煮3分钟即可。

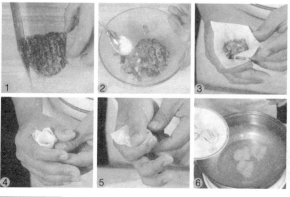

重点提示 制馅时加入少许水，牛肉吃起来就不会老硬。

孜然牛肉馄饨

材料 牛肉200克，葱40克，馄饨皮100克，孜然粉5克

调料 盐5克，味精4克，白糖10克，香油10克

做法

①肉切碎，葱切花。②牛肉放入碗中，加入葱花、孜然粉，调入调味料拌匀。③将馅料放入馄饨皮中央，慢慢折起，使馄饨皮四周向中央靠拢。④直至看不见馅料，再将馄饨皮捏紧。⑤捏至底部呈圆形。⑥锅中注水烧开，放入包好的馄饨，盖上锅盖煮3分钟即可。

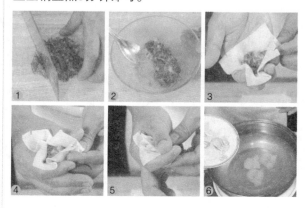

看新鲜度鉴定面粉质量

　　新鲜的面粉有正常的气味，其颜色较淡且清。如有腐败味、霉味，颜色发暗、发黑或结块的现象，则说明面粉储存时间过长或已经变质。

羊肉馄饨

材料 羊肉片100克，葱50克，馄饨皮100克
调料 食盐5克，味精4克，白糖16克，香油少许
做法

①羊肉片剁碎，葱择洗净切花。②将羊肉放入碗中，加入葱花，调入调味料拌匀。③将馅料放入馄饨皮中央，慢慢折起，使馄饨皮四周向中央靠拢。④直至看不见馅料，再将馄饨皮捏紧。⑤将头部稍微拉长，使底部呈圆形。⑥锅中注水烧开，放入包好的馄饨，盖上锅盖煮3分钟即可。

重点提示 馄饨入锅不要煮太久，否则会煮烂。

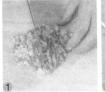

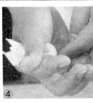

冬瓜馄饨

材料 鲜肉馅150克，冬瓜1000克，馄饨皮100克
调料 盐、味精、葱花各适量
做法

① 将冬瓜洗净，剁成细粒，加盐腌一下，挤干水分，加入盐、味精，再与肉馅及葱花拌匀。② 取一馄饨皮，内放适量冬瓜馅，再将馄饨皮对折起来。③ 从两端向中间弯拢后，即可下入沸水中煮熟食用。

鲜虾馄饨

材料 鲜虾仁200克，韭黄20克，馄饨皮100克
调料 盐6克，味精4克，白糖8克，香油少许
做法

① 鲜虾仁洗净，每个剖成两半，韭黄切粒。② 将虾仁放入碗中，加入韭黄粒，调入调味料拌匀。③ 将馅料放入馄饨皮中央。④ 慢慢折起，使皮四周向中央靠拢。⑤ 直至看不见馅料，再将馄饨皮捏紧。⑥ 将头部稍微拉长，使底部呈圆形。⑦ 锅中注水烧开，放入包好的馄饨。⑧ 盖上锅盖煮3分钟即可。

消除口腔蒜味

吃过大蒜或蒜薹后，口中常有一股较浓的蒜味。这时，喝几口牛奶，并使之在口中尽可能多待一段时间，蒜味将会很快消除。

如何鉴选紫菜

紫菜的色泽紫红，含水量不超过 8%~9%，无泥沙杂质，有紫菜特有的清香者为质优；反之则质量比较差。

干贝馄饨

材料 鲜肉馅500克，干贝50克，馄饨皮100克
调料 姜10克，葱15克，盐、黄酒适量
做法
① 将干贝切粒，加入盐、姜、葱花及黄酒，再与肉馅拌匀。② 取一馄饨皮，内放适量干贝馅，再将馄饨皮对折起来。③ 从两端向中间弯拢后即可下入沸水中煮熟食用。

荠菜馄饨

材料 荠菜350克，夹心肉180克，馄饨皮300克，紫菜50克

调料 姜10克，葱15克，黄酒、鸡汤各适量

做法

① 夹心肉绞碎，加入鸡汤、姜、葱、黄酒拌匀。

② 再加入切好的荠菜拌匀，馄饨皮内包入荠菜肉馅。

③ 锅中加水烧开，下入馄饨、洗净的紫菜煮熟即可。

蒜薹馄饨

材料 鲜肉馅300克，蒜薹500克，馄饨皮100克

调料 盐、味精、油各适量

做法

① 蒜薹洗净去除根部较老的部分，再切成粒。

② 将蒜薹粒的水分挤干，加盐、味精、油与肉馅拌匀。

③ 取一馄饨皮，内放适量蒜薹馅，再将饨馄皮对折起来。

④ 从两端向中间弯拢后，即可下入沸水中煮熟食用。

枸杞馄饨

材料 鲜肉馅600克，枸杞50克，馄饨皮100克

调料 盐5克，味精3克

做法 ❶ 枸杞用温水泡开洗净，滤去杂质，加入肉馅、盐、味精拌匀成馅。❷ 取一馄饨皮，中间放入馅料。❸ 对折，捏紧，再折成花形，放入沸水中煮熟即可。

蘑菇馄饨

材料 鲜肉馅300克，蘑菇500克

调料 葱10克，盐、味精、油各适量

做法 ❶ 先将蘑菇用水洗净，汆烫后捞起；葱切花。❷ 将已冷却的蘑菇切粒，加入葱花及盐、味精、食用油与肉馅拌匀。❸ 取一馄饨皮，内放适量蘑菇肉馅，再将馄饨皮对折起来。❹ 从两端向中间弯拢后下入沸水中煮熟即可食用。

三鲜馄饨

材料 猪肉、馄饨皮各500克，蛋皮、虾皮、香菜各50克，紫菜25克

调料 盐5克，味精1克，麻油少许，高汤适量

做法 ❶ 猪肉绞碎和盐、味精拌成馅。❷ 把馄饨皮擀成薄纸状，包入馅，捏成团即可。❸ 在沸水中下入馄饨，加一次冷水即可，捞起放在碗中。❹ 在碗中放下蛋皮、虾皮、紫菜、香菜末，加入盐、煮沸的高汤，淋上香油即可。

菜肉馄饨汤

材料 油菜120克，猪绞肉300克，馄饨皮、豆腐各100克，芹菜末、榨菜丝适量

调料 盐2克，米酒6克，油葱酥5克，香油、姜末各3克

做法 ❶ 油菜切碎，与猪绞肉、姜末和盐、米酒混合拌匀成肉馅，包入馄饨皮内。豆腐切小块备用。❷ 高汤放入锅中，加热煮沸，放入馄饨煮至浮起，再加入嫩豆腐块、芹菜末、榨菜丝和油葱酥、香油、白胡椒粉和盐，稍煮即可。

红油馄饨

材料 馄饨皮100克，肉末150克

调料 姜、葱、红油、香菜、盐各适量

做法 ①姜、葱切末，与肉末、盐一起拌成黏稠状。②取肉馅放于馄饨皮中央，将对角折叠成三角形，用手捏紧，馅朝上翻卷，两手将馄饨皮向内压紧，逐个包好。③锅中加水煮开，放入馄饨，用勺轻推馄饨，用大火煮至馄饨浮起时，加入红油即可。

韭黄鸡蛋馄饨

材料 馄饨皮100克，韭黄150克，鸡蛋2个

调料 盐3克

做法 ①韭黄切末；鸡蛋磕入碗中，加入韭黄末、盐搅拌匀，下入锅中炒散制成馅。②取1小勺馅放于馄饨皮中央，用手对折捏紧。③逐个包好，入锅煮熟，加盐调味即可。

鸡蛋猪肉馄饨

材料 面粉500克，猪肉50克，鸡蛋1个

调料 葱10克，盐5克

做法 ①将面粉加入清水做成馄饨皮。②将猪肉剁成泥，加入盐、鸡蛋做成馅，把盐、葱花放在碗里做成调味料，加入高汤。③最后把馄饨皮包上肉馅，再用开水煮熟，捞入调味料碗里即可。

芹菜牛肉馄饨

材料 馄饨皮、牛肉、芹菜各100克

调料 姜、葱、鲜汤、盐、各适量

做法 ①芹菜、牛肉切末后，放入盐、姜末、葱末，用筷子按顺时针方向拌匀成黏稠状。②取适量肉馅放于馄饨皮中央，用手对折捏紧，逐个包好。③锅中加水煮开，放入生馄饨，大火煮至馄饨浮起时，重复加水煮开，至馄饨再次浮起时即可。

小知识 巧存食盐

炒热储存法：夏天，食盐会因吸收了空气中的水分而返潮，若将食盐放到锅里炒热，食盐就不会返潮了。

加玉米面储存法：在食盐中放些玉米面粉，食盐就能保持干燥，不易回潮，也不影响食用。

清汤馄饨

材料 馄饨皮100克，肉末200克，榨菜20克，紫菜、香菜各少许

调料 盐、姜末、葱末、鲜汤各适量

做法

❶将肉末、姜末、葱末、盐倒入碗中，拌成黏稠状。❷取出馄饨皮，中央放1小勺肉馅，逐个包好。❸紫菜泡发好，锅中鲜汤烧开，加入紫菜、榨菜煮入味，盛入碗中。❹净锅烧开水，入馄饨煮熟后捞出，放入盛有榨菜、紫菜的汤碗中，加少许香菜即成。

上海小馄饨

材料 馄饨皮100克，鸡脯肉150克，虾皮50克，榨菜30克

调料 紫菜、葱各少许，盐、味精、香菜、鲜汤各适量

做法

❶将鸡脯肉、葱切末，加入虾皮、榨菜、盐、味精调匀，用筷子顺时针拌成黏稠状。❷取出馄饨皮，中央放适量肉馅，逐个包好。❸净锅烧开水，下入馄饨煮熟后，捞出盛入有鲜汤的碗中，再加入香菜、紫菜即成。

第5部分

百变米饭

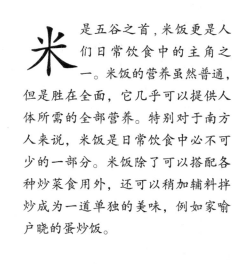

米是五谷之首，米饭更是人们日常饮食中的主角之一。米饭的营养虽然普通，但是胜在全面，它几乎可以提供人体所需的全部营养。特别对于南方人来说，米饭是日常饮食中必不可少的一部分。米饭除了可以搭配各种炒菜食用外，还可以稍加辅料拌炒成为一道单独的美味，例如家喻户晓的蛋炒饭。

做好米饭有讲究

我们都知道，把饭煮得好吃是需要诀窍的。不过这种看似最基本的功夫也是最不容易学会的，因为饭的味道将是最原始的，没有其他的作料来让吃的人分心。想知道如何煮出好吃的米饭吗？下面就来告诉你。

 淘米讲究方法

用水淘洗米前先将小石子、沙子等杂质捡出。淘米要用凉水，不要用热水。用水量和淘洗次数要尽量减少，以除去米糠等杂质为度，不要用力搓或过度搅拌。洗米水要很快倒掉，因为米中含有一些溶于水的维生素和无机盐，多淘会使米表层的营养成分随水流失。

 刚洗好的米要浸泡

刚洗好的米不宜马上下锅，根据经验可加适量水浸泡 10~15 分钟。因为米的结构紧密，水吸附和渗透到里层需较长时间，煮熟浸涨的米粒比没有浸涨的米粒更省时，并且浸涨的米粒内外受热均匀，煮出来的饭更香软可口。

 煮饭不宜用冷水

煮饭不宜用冷水，沸水煮饭不但可以缩短煮饭时间，节约能源，还可较好地保存大米中的营养成分。

 饭煮好后要再焖一会儿再开盖

饭煮好立即食用，口感会较差，因此要将煮熟的米饭再焖一下，使水分能够均匀散布在米粒中间。如果是用电饭煲煮饭，在饭煮好后应保温10 分钟再按下开关煮第二次，第二次煮好后仍不能立即打开锅盖，应该再焖 5 分钟，这样米饭更可口。

盖饭

 小知识 阴凉通风法除米虫

将筷子插进生有米虫的米面里，待其表面有虫子爬出后，将米面放置在通风、阴凉处，这样，米面深处的虫子会从温度比较高的地方爬出来。

洋葱牛肉盖饭

材料 白饭1碗，牛肉丝300克，洋葱100克
调料 盐2克，酱油、淀粉各8克
做法
❶牛肉丝加盐、酱油、淀粉抓匀；洋葱洗净，切丝。❷油锅加热，将牛肉丝及洋葱炒熟，盛起淋在白饭上即成。

鲔鱼盖饭

材料 白饭200克，海苔片1/2片，水煮鲔鱼80克
调料 芥末酱3克，无盐酱油2克
做法
❶无盐酱油、鲔鱼放入锅中拌匀；海苔片烤过，切丝备用。❷将一半的鲔鱼加入白饭拌匀装盘。❸剩余一半的鲔鱼摆在白饭上，撒海苔丝，淋入芥末酱即可食用。

九州牛肉饭

材料 白饭1碗，土豆1个，牛肉100克，洋葱1个，泡菜1份，芝麻少许

调料 盐5克，青椒30克，酱油15克，料酒8克

做法 ① 土豆、牛肉、青椒切斜小块；洋葱切小粒；牛肉用小火焖1个小时备用。② 锅中放油烧热，放入土豆、牛肉、洋葱和青椒，调酱油、料酒爆炒。③ 加盐炒匀至熟，放在盛饭的碗内，撒上芝麻，配上泡菜一起食用。

里脊片盖饭

材料 里脊肉150克，白饭4碗，小白菜300克

调料 姜2片，葱4片，蒜2粒，熟芝麻、酱油、糖各适量

做法 ① 葱洗净切小段，姜切片，蒜拍碎，加酱油及糖调成腌料；里脊肉切薄片，加入腌料中静置，然后将腌好的里脊肉取出，煎熟。② 小白菜洗净切段，锅中加水放入盐，将小白菜烫熟后捞起备用。③ 将里脊肉及小白菜铺在米饭上，撒上熟芝麻即可。

尖椒回锅肉饭

材料 青、红尖椒100克，五花肉200克，米150克

调料 蒜苗2克，豆瓣酱、辣椒酱、生抽、葱、姜各适量

做法 ① 五花肉蒸熟切片，中火炸干至成回锅肉；青、红尖椒洗净切角，过油至熟；姜洗净切片；葱、蒜苗洗净均切段；米洗净煮熟。② 锅内留少许油，下葱、姜、蒜苗爆香，五花肉、尖椒下锅，加豆瓣酱、辣椒酱炒匀。③ 加生抽调味即可起锅，与饭一同装盘即可。

冬菇猪蹄饭

材料 白饭1碗，猪蹄20克，冬菇50克，菜心100克

调料 姜丝10克，葱花15克，盐、糖、蚝油、胡椒粉、鸡油、麻油各适量

做法 ① 冬菇用水浸泡40分钟后洗净，切去菇枝；菜心洗净备用。② 锅内放油烧热，爆香姜丝、葱花，加入鸡油、盐、糖、蚝油、胡椒粉、麻油煮10分钟。③ 捞出姜丝、葱花，放入猪蹄煮5分钟，然后把猪蹄捞出放在饭上，冬菇放在猪蹄上，加入菜心即可。

炒饭

扬州炒饭

材料 米饭500克，鸡蛋2个，青豆50克，粟米粒40克，鲜虾仁40克，三明治火腿粒40克

调料 盐、白糖、生抽、麻油、葱花各适量

做法

❶ 鸡蛋打散后均匀地拌入米饭中，青豆、鲜玉米粒、鲜虾仁、三明治火腿粒用开水焯熟捞起。❷ 烧锅下油，放入拌有鸡蛋的米饭，在锅中翻炒，加入焯熟的青豆、玉米粒、虾仁、三明治火腿粒，在锅中翻炒。❸ 把所有调味料加入饭中炒匀，加入葱花翻炒即可。

印尼炒饭

材料 火腿2克，叉烧2克，胡萝卜2克，粟米2克，青豆2克，虾仁2克，米饭150克，鸡蛋1个

调料 咖喱油、咖喱粉、盐、味精各适量

做法

❶ 火腿、叉烧、胡萝卜、粟米、青豆、虾仁切粒，过水过油至熟；鸡蛋打散，加盐入味；米加水煮熟。❷ 油锅烧热，倒入熟米饭，加火腿、叉烧、胡萝卜、粟米、青豆、虾仁及各调味料炒1分钟后起锅。❸ 倒2毫升油于煎锅上，将鸡蛋煎半熟即可。

干贝蛋炒饭

材料 白饭1碗，干贝3粒，鸡蛋1个

调料 盐2克，葱1根

做法 ❶干贝用清水泡软，剥成细丝。❷油锅加热，下干贝丝炒至酥黄，再将白饭、蛋液倒入炒散，并加盐调味。❸炒至饭粒变干且晶莹发亮。❹将葱洗净，切成葱花撒在饭上即可。

鱼丁炒饭

材料 白北鱼1片，鸡蛋1个，白饭1碗

调料 盐2克，葱2根

做法 ❶鱼片冲净，去骨切丁；蛋打成蛋汁；葱去根须和老叶，洗净后切葱花。❷炒锅加热，鱼丁过油，再下白饭炒散，加盐、葱花提味。❸淋上蛋汁，炒至收干即成。

西式炒饭

材料 米150克，胡萝卜、青豆、粟米、火腿、叉烧各25克

调料 茄汁、糖、味精、盐各适量

做法 ❶米加水煮熟成米饭；胡萝卜切粒；火腿切粒；叉烧切粒后焯水；青豆、粟米洗净。❷将油倒入锅中，放胡萝卜、青豆、粟米、火腿、叉烧过油炒，加入茄汁、糖、味精、盐调入味。❸再下入熟米饭一起炒匀即可。

香芹炒饭

材料 熟米饭150克，芹菜100克，青豆20克，鸡蛋1个，胡萝卜80克

调料 盐5克，鸡精3克，姜10克

做法 ❶先将熟米饭下油锅中炒匀待用。❷胡萝卜、芹菜、姜分别切粒；鸡蛋磕壳，加盐打散。❸炒锅烧热，下油，倒入鸡蛋液炒熟后捞起。锅再烧热，下油炒香姜、青豆、芹菜、胡萝卜，翻炒2分钟后，倒入熟的鸡蛋和米饭，再炒匀，加调味料即可。

干贝蛋白炒饭

材料 干贝50克，鸡蛋清3个，白菜50克，白米饭
1碗

调料 盐3克，料酒、葱各5克，姜片3片

做法

① 干贝泡软后加入料酒、姜片蒸5个小时后取出，
撕碎备用。

② 将鸡蛋取蛋清加入少许盐、味精搅匀，炒熟。
白菜叶洗净切成细丝，葱择洗净切成花。

③ 炒锅上火，油烧热，放入白菜丝、蛋清、干贝，
调入盐炒香，加入白米饭炒匀，撒上葱花即成。

碧绿蟹子炒饭

材料 菜心50克，鸡蛋2个，蟹子20克，米饭1碗

调料 盐3克，味精2克

做法

① 菜心留梗洗净切成粒，炒熟备用。

② 鸡蛋打入碗中，调入些许盐、味精搅匀。

③ 锅上火，油烧热，放入蛋液炒至七成熟，放入饭
炒干，调入味。

④ 放入蟹子、菜粒炒匀入味即成。

泰皇炒饭

材料 白饭1碗，虾仁50克，蟹柳50克，菠萝1
块，芥蓝2根，洋葱1个，鸡蛋1个，青椒1个，红椒
1个

调料 泰皇酱适量

做法

① 青、红椒去蒂洗净切粒，洋葱洗净切粒，菠萝去
皮切粒，芥蓝洗净切碎备用。

② 锅中油烧热，放入鸡蛋液炸成蛋花，再将青、
红椒、洋葱、菠萝、蟹柳、芥蓝、虾仁一起爆炒
至熟。

③ 倒入饭一起炒香，加入泰皇酱炒匀即可。

三文鱼紫菜炒饭

材料 米饭、三文鱼各100克，紫菜20克，菜粒30克

调料 盐3克，鸡精5克，生抽6克，姜10克

做法

① 姜洗净切末；紫菜洗净切丝；菜粒入沸水中焯烫，捞出沥水。

② 锅上火，油烧热，放入三文鱼炸至金黄色，捞出沥油。

③ 锅中留少许油，放入米饭炒香，调入盐、鸡精，加入三文鱼、菜粒、紫菜、姜末炒香，调入生抽即可。

墨鱼汁炒饭

材料 白饭1碗，墨鱼汁、松仁各适量

调料 盐2克

做法

① 炒锅烧热加油，先将白饭倒入，拌炒均匀。

② 加入墨鱼汁、松仁炒匀，加盐调味。

重点提示 腹部颜色均匀的才是鲜墨鱼。墨鱼汁是墨鱼胆里的一种汁,可提高人体抵抗力，是一种很健康的黑色食品。

彩色虾仁饭

材料 当归、黄芪、枸杞、红枣各8克，白米150克，虾仁、冷冻三色蔬菜各100克，鸡蛋1个

调料 葱末6克，盐、米酒、柴鱼粉各适量

做法

① 将黄芪、枸杞、红枣、当归洗净，加水煮滚，过滤后取汤汁；米洗净，和汤汁入锅煮熟。

② 虾仁洗净加调味料略腌。鸡蛋打入锅中炒熟盛出。

③ 再热油锅，虾仁入锅炒熟盛出，以余油爆香葱末、白饭下锅，再加盐、柴鱼粉、虾仁、三色蔬菜、鸡蛋炒匀。

焖蒸饭

芙蓉煎蛋饭

材料 米150克，青菜100克，鸡蛋3个

调料 盐3克

做法

❶米加适量水放置锅中，煲40分钟至熟。❷青菜焯熟；鸡蛋打匀，加盐调成鸡蛋汁。❸油下锅，倒入鸡蛋汁，用慢火煎熟，与米饭、青菜装盘即可。

重点提示 煎鸡蛋的时候火不宜太大，要嫩点才好吃。

芋头饭

材料 泰国香米200克，芋头50克，猪肉、虾仁、鱿鱼丝、香菇、干贝、胡萝卜各10克

调料 酱油5毫升，盐3克，糖5克

做法

❶香米洗净泡30分钟捞出；芋头去皮切小丁；胡萝卜去皮切丁；香菇泡发切丝；猪肉切小丁；虾仁、鱿鱼丝、干贝洗净。❷锅烧热，放猪肉炒出油，入香菇、虾仁、鱿鱼丝、干贝爆香，再加胡萝卜丁、米炒干炒透，后加入芋头和开水，调盐、糖、酱油煮干焖透后拌匀。

小知识 巧焖米饭不粘锅

米饭焖好后，马上把饭锅在水盆或水池中放一会儿，热锅底遇到冷水后迅速冷却，米饭就不会粘在锅上了。

▍手抓饭

材料 大米、羊肉各100克，胡萝卜、洋葱各15克

调料 盐、味精、白糖、胡椒粉、孜然各适量

做法

① 大米洗净，泡水2小时；羊肉切块滑油；胡萝卜、洋葱切丝。② 油烧热，放入羊肉、胡萝卜、洋葱炒香，加水及调味料、大米。③ 焖至熟即可食用。

重点提示 烹饪时放数个山楂可去羊肉的膻味。

▍酱汁鸡丝饭

材料 鸡肉300克，胡萝卜1/4根，大头菜1/2棵，米饭1碗

调料 姜2片，葱1支，盐2克，芝麻酱适量

做法

① 鸡肉洗净，用姜片、葱段、盐1茶匙调味。② 将鸡肉蒸熟，取出放凉再用手撕成丝状。③ 胡萝卜、大头菜洗净，去皮切丝状，加盐抓匀，再拧干去水分。④ 将所有食材调入芝麻酱拌匀即可。

小窍门 巧法补救夹生米饭

1. 如全部夹生，可用筷子在饭内扎些直通锅底的小孔，加适量温水重焖。2. 若是局部夹生，就在夹生处扎眼，加点水再焖一下。3. 表面夹生，可将表层翻到中间加水再焖。4. 如在饭中加两三勺米酒拌匀再蒸，也可消除夹生。

蛤蜊牛奶饭

材料 蛤蜊250克，鲜奶150克，白饭1碗

调料 盐2克，香料少许

做法

❶蛤蜊泡薄盐水，吐沙后，入锅煮至开口，挑起蛤肉备用。❷白饭倒入煮锅，加入鲜奶和盐，以大火煮至快收汁，将蛤肉加入同煮至收汁，盛起后撒上香料即成。

竹叶菜饭

材料 干竹叶3叶，白米100克，油菜2株，胡萝卜20克，海藻干适量

做法

❶竹叶刷净，入沸水中烫一下后捞起，铺于电锅内锅底层。❷油菜去头，洗净切细；胡萝卜削皮洗净，切丝。❸白米淘净，与油菜、胡萝卜和海藻干混和，倒入电锅中，加1杯半水，入锅煮饭，至开关跳起即成。

八宝高纤饭

材料 黑糯米4克，长糯米10克，糯米10克，白米20克，大豆8克，黄豆10克，燕麦8克，莲子5克，薏仁5克，红豆5克

调料 盐2克，葱1根

做法 ① 全部材料洗净放入锅中，加水盖满材料，浸泡1小时后沥干。② 加入一碗半的水（外锅1杯水），调入盐，放入葱末，放入电锅煮熟即成。

什锦炊饭

材料 糙米1杯，燕麦1/4杯，生香菇4朵，猪肉丝50克，豌豆仁少许

调料 高汤2杯

做法 ① 糙米和燕麦洗净，浸泡于足量清水中约1小时，洗净后沥干水分；香菇切小丁备用。② 锅中倒入高汤，加入糙米、燕麦、香菇丁、猪肉丝与豌豆仁，拌匀蒸熟即可。

紫米菜饭

材料 紫米1杯，包菜200克，胡萝卜1小段，鸡蛋1个

调料 葱花适量

做法 ① 紫米淘净，放进电锅内锅，加水浸泡；包菜洗净切粗丝；胡萝卜削皮、洗净切丝。将包菜、胡萝卜在米里和匀，外锅加1杯半水煮饭。② 鸡蛋打匀，用平底锅分次煎成蛋皮，切丝。③ 待电锅开关跳起，续焖10分钟再掀盖，将饭菜和匀盛起，撒上蛋丝、葱花即成。

贝母蒸梨饭

材料 川贝母10克，水梨1个，糯米1/2杯

调料 盐适量

做法 ① 梨子洗净，切成两半，挖掉梨心和部分果肉。② 贝母和糯米淘净，挖出的果肉切丁，混合倒入梨内，盛在容器里移入电锅。③ 外锅加1杯水，蒸到开关跳起即可食用。

双枣八宝饭

材料 江苏圆糯米、豆沙各200克，红枣、蜜枣、瓜仁、枸杞、葡萄干各30克

调料 白糖100克

做法

① 将糯米洗净，用清水浸泡12小时，捞出入锅蒸熟。

② 取一圆碗，涮上猪油，在碗底放上红枣、蜜枣、瓜仁、枸杞和葡萄干，铺上一层糯米饭。

③ 再放入豆沙，盖上一层糯米饭，上笼蒸30分钟，取出后翻转碗倒在碟上。

④ 撒上白糖即可食用。

金瓜饭

材料 香米200克，金瓜100克，猪肉、虾仁、鱿鱼丝、干贝、胡萝卜、香菇各20克

调料 酱色、盐、糖各适量

做法

① 香米洗净泡30分钟捞出；金瓜、胡萝卜均去皮洗净切丁；香菇泡发洗净切丝；猪肉切小丁；虾仁、鱿鱼丝、干贝洗净备用。

② 猪肉入锅炒出油，再入香菇、虾仁、鱿鱼丝、干贝爆香，放胡萝卜丁、米炒透。

③ 放金瓜、开水和调味料，煮干焖透即可。

爽口糙米饭

材料 粳米100克，糙米100克，红枣50克

做法

① 粳米、糙米一起洗净泡发。

② 红枣洗净后去核，切成小块。

③ 再将粳米、糙米与红枣一起上锅蒸约半小时至熟即可。

重点提示 糙米以外观完整、饱满、色泽显黄褐色或浅褐色、且散发香味的为佳。

原盅腊味饭

材料 米500克，腊肉、香肠各150克

调料 盐2克

做法 ①将米淘洗干净；腊肉、香肠洗净后切成薄块。②米加水上火煮成饭。③饭上再加入腊肉、香肠块一起煮至有香味即可。

重点提示 腊肉用水泡洗一下，味道更好。

虾饭

材料 虾200克，泡发的香菇15克，米300克，蒜苗50克

调料 九里香2克，味精2克，盐3克，香油4克，胡椒粉1克

做法 ①蒜苗洗净切段；虾洗净去泥肠；香菇洗净后切丝。②虾入油锅稍炒，再放入蒜苗，调入调味料后炒匀。③米洗净，入锅用中火煲至八成熟，放入虾、蒜苗、香菇后再煲至熟，放入九里香即可。

潮阳农家饭

材料 包菜150克，米300克，五花肉50克，蒜苗40克

调料 盐、鸡精、香油、胡椒粉、九里香各适量

做法 ①包菜洗净切块；蒜苗洗净切段；五花肉洗净切块，入锅炒至金黄色。②包菜、蒜苗入热油锅，加盐、鸡精、香油、胡椒粉、九里香炒香。③米洗净，放入砂锅中加适量水，中火煮至八成熟。④放五花肉、包菜、蒜苗，再用文火烧10分钟即可。

墨鱼饭

材料 墨鱼300克，米100克，青椒1只，红椒半只

调料 姜2片，葱2段，橄榄油、盐、胡椒粉各适量，九层塔少许

做法 ①墨鱼洗净去囊，维持整只状态勿切开，备用；米快速清洗，沥干；青椒、红椒、九层塔均洗净切末。②用橄榄油起油锅将米拌炒至八成熟，再拌入青椒、红椒、姜、葱、九层塔、盐、胡椒粉拌炒匀。③将炒好的米塞入墨鱼内，置电锅内蒸熟即可食用。

叉烧饭

蜜汁叉烧饭

材料 梅肉、米各150克，青菜100克

调料 盐、味精、沙姜粉、甘草粉、五香粉、麦芽糖、蒜蓉各适量

做法

① 将梅肉与盐、味精、沙姜粉、甘草粉、五香粉、蒜蓉腌渍1个小时，再加入麦芽糖于烤箱中烤30分钟，制成叉烧。② 米洗净，加水倒入锅中煮40分钟至熟后盛出。③ 青菜焯盐水至熟，叉烧扫油切块，摆于饭旁即可。

叉烧油鸡饭

材料 白饭1碗，叉烧50克，油鸡100克，菜心100克

调料 盐2克，香油5克

做法

① 菜心洗净，入沸水中焯熟；油鸡砍件，叉烧切片备用。② 将切好的油鸡和叉烧放在白饭上，入微波炉加热30秒钟后取出。③ 放入菜心，调入盐，淋上香油即可。

重点提示 鸡肉放入啤酒中浸泡可除腥味。

煲仔饭

小知识 巧热剩饭

热过的剩饭吃起来总有一股异味，在热剩饭时，可在蒸锅水中兑入少量盐水，即可除去剩饭的异味。

小知识 巧用陈米

淘过米之后，多浸泡一段时间。在往米中加水的同时，加入少量啤酒或食用油，这样蒸出来的米饭香甜，且有光泽，如同新米一样。

排骨煲仔饭

材料 仔排200克，米50克

调料 酱油10克，蚝油10克，姜、葱10克，汤皇、料酒、糖、鸡精、油菜心各适量

做法

❶将仔排洗净，切成块后氽水洗净待用。❷把生米泡透后，加适量花生油，上笼蒸熟。❸将排骨加所有调味料烧制熟，上桌与米饭一起食用即可。

窝蛋牛肉煲仔饭

材料 鸡蛋1个，熟牛肉200克，米100克，菜心80克
调料 麻油10克，生抽20克，姜10克
做法
①牛肉切片；姜洗净切丝；鸡蛋取蛋黄下锅煮熟保持原状。
②放米加水置于砂锅中，煲10分钟后，再放上牛肉、蛋黄、姜丝、花生油再煲5分钟至熟。
③菜心焯水至热，放入砂锅内，再淋上麻油、生抽即可。

咸鱼腊味煲仔饭

材料 香米150克，腊肉30克，腊肠50克，腊鸭50克，咸鱼片20克
调料 葱白1棵，红椒1个，姜1块
做法
①香米用水浸1小时；腊肉、腊肠、腊鸭、咸鱼切成薄片；葱白切段；红椒、姜切丝备用。
②已浸泡过的米放入瓦煲内，加上适量的水，用中火煲干水。
③将切好的腊味、咸鱼片、姜、葱分别放入刚煲干水的煲内，再用慢火煲约10分钟即可。

腊味煲仔饭

材料 米120克，菜心80克，腊肉100克，腊肠50克
调料 麻油10克，生抽20克，姜10克
做法
①腊肉浸泡洗净，切成片；腊肠洗净切成段；姜洗净切丝；菜心洗净焯水至熟。
②米加水放入砂锅中，煲10分钟，再放入腊肉、腊肠、姜丝、花生油煲5分钟即熟。
③生抽、麻油淋于菜上，盖上菜心即成。

拌饭

巧手一锅做出两样饭

小知识

先将米淘洗干净放入锅里,加适量的水,然后把米推成一面高,一面低,高处与水面持平,盖好盖加热,做熟后,低的一面水多饭软,高的一面相对水少饭硬,能同时满足两代人的不同需要。

看颜色选大米

小知识

首先,看新米色泽是否呈透明玉色状,未熟的新米可见青色;再看新米胚芽部位的颜色是否呈乳黄色或白色,陈米一般呈咖啡色或颜色较深。其次,新米熟后会有股非常浓的清香味,而新轧的陈谷米香味会很少。

福建海鲜饭

材料 干贝、香菇、火腿各20克,饭1碗,虾仁、蟹柳、鲜鱿、菜心粒、胡萝卜粒各25克

调料 水淀粉、鸡汤、盐、麻油、蛋清各适量

做法

❶锅中水烧开,放入干贝、香菇、火腿、虾仁、蟹柳、鲜鱿、菜心粒、胡萝卜焯烫,捞出沥干水分。❷将焯烫过的原材料再加入鸡汤煮2分钟,调入盐、麻油。❸将水淀粉放入锅中勾芡,再加入蛋清捞混,盛出铺在饭上即可食用。

水果拌饭

材料 草莓1粒，猕猴桃、香蕉、芒果各1片，白粥3/4碗

做法 ①草莓洗净后去蒂，切成细丁，其他水果也切成丁备用。②将水果丁、白粥一起拌匀即可。

重点提示 水果要选用新鲜的，久放冰箱里的水果口味不佳。

麦门冬牡蛎烩饭

材料 麦门冬15克，鸡蛋1个，玉竹5克，牡蛎200克，米饭1碗，马蹄、芹菜、豆腐、青豆、胡萝卜各适量

调料 盐、胡椒粉、淀粉各适量

做法 ①麦门冬、玉竹下锅，加水熬成高汤。②牡蛎洗净沥干并用淀粉、盐腌渍备用。③胡萝卜、马蹄、豆腐切丁，入高汤中煮，加盐、胡椒粉调味，再入牡蛎、青豆，撒上芹菜及蛋汁即成。④将米饭盛入碗中，淋上完成的烩汁即可食用。

澳门泡饭

材料 腊味粒、鲜肉碎、冬菇、豆腐、干虾米、叉烧、冬菜、菜心、西红柿粒各10克，鲜鱿、香菜末各5克，饭1碗

调料 鸡汁20克，盐5克，糖10克，鸡汤100克

做法 ①油锅烧热，爆香腊味粒、肉碎、叉烧、虾米、鲜鱿。②调入鸡汁、鸡汤煮沸，倒入饭拌匀煮至入味。③再倒入冬菇、豆腐、西红柿、香菜、冬菜、菜心，调入调味料拌匀即可。

三鲜烩饭

材料 白米饭150克，虾仁、猪肉片、小文蛤、西兰花各30克，胡萝卜片、木耳片各10克

调料 高汤、盐、蚝油、水淀粉、葱段各适量

做法 ①文蛤、虾仁均治净；西兰花洗净切朵，焯烫。②葱段入锅爆香，文蛤、肉片、虾仁、胡萝卜、木耳、西兰花入锅略炒，加高汤、水、盐、蚝油，煮滚后，加水淀粉勾芡，用锅勺搅拌，再次沸腾即可。③将白饭盛于碗盘中，淋上完成的三鲜烩汁即可食用。

小知识 米饭营养保持法

大米不要多洗多泡，更不能反复搓洗。忌用热水淘洗，否则米粒中的维生素、蛋白质、脂肪等营养物质的流失就会加大。

用锅蒸饭，不宜做捞米饭。否则人体对 B 族维生素的摄入就会减少。

宜用高压锅煮米饭。这样米分解很快，人体易吸收。

烧米饭要用热水，否则会损失其中许多的维生素 B_1。

新米、陈米不可混熬。

鳕鱼蛋包饭

材料 鳕鱼100克，西红柿100克，鸡蛋3只，白饭250克

做法

① 将鳕鱼、西红柿洗净切粒；鸡蛋打散搅匀备用。② 锅中加油烧热，取1个鸡蛋的蛋液煎成大饼状盛出，再放入鳕鱼粒煎熟。③ 将剩余蛋液与白饭翻炒，加入鳕鱼、西红柿炒香，再用蛋皮包起。

第 6 部分

营养香粥

粥 俗称"稀饭",每个人从记事开始,就知道"粥"的存在。简单的一碗粥,可以衍生出上百种花样,冷、热、酸、甜、苦、辣、咸……各种滋味如人生百味。相对于快节奏的洋快餐,这种于简单中显深刻的饮食体现着我们亘古不变的情怀。

黏糯香粥巧手制

粥不仅营养丰富，而且一碗粥下肚人会觉得机体脏器清新、通体舒畅。因此很多人喜欢喝粥，也有很多人享受着熬粥的乐趣。在这里提醒你熬粥时应注意以下事项：

如何熬出一锅好粥

锅内先放入足量的清水，烧开后倒入淘好的大米，这样米粒内外温度不同，米粒表面会迅速出现许多细微的裂纹，米粒容易开花出淀粉质。米下锅后，要先用旺火加热使水煮沸，然后改用文火熬煮，使锅内保持沸滚而不使米粒、米汤外溢。文火熬煮可以加速米粒、锅壁、汤水之间的摩擦、碰撞，米粒中的淀粉不断溶于水中，粥就变得黏稠起来。在熬粥时，要注意盖好锅盖，避免水溶性维生素和其他营养成分随水蒸气蒸发逸失，并且这样熬煮出的粥吃口也好。

怎样煮粥不溢锅

方法 1：煮粥时稍不注意米汤就会溢出来。如果在锅里滴上几滴香油，开锅改用中小火煮。那么粥再沸也不会溢出来了，煮出的米粥也更加香甜可口。

方法 2：煮粥时，先淘好米，待锅半开时（水温 50~60℃）再下米，即可防止米汤溢出来。

方法 3：在煮粥的锅里加一层金属的笼屉后再加盖，便可放心地煮粥，米汤不会再溢出。因为米汤升温沸腾上涌时，遇到温度较低的笼屉及其上方较冷的空气便会自行回落，如此反复升降而不溢出锅外。用此法煮粥时，还可顺便在笼屉上热些馒头和菜等食物。

熬绿豆粥快速煮豆

将绿豆压成两瓣，这样就破坏了豆子的外层保护膜，这时再和大米一起下锅，饭熟了豆也就煮烂了。也可以在煮绿豆时，豆子有些膨胀时就捞出来，拿勺子压碎，然后再放入锅内。这样也很容易煮烂。

大米粥

大米

◆ **营养成分：** 含有蛋白质、糖类、钙、铁、葡萄糖、麦芽糖、维生素 B$_1$、维生素 B$_2$ 等。

◆ **食疗功效：** 大米具有补中益气、健脾养胃、通血脉、聪耳明目、止烦、止渴、止泻的功效。大米中富含的维生素 E 有消融胆固醇的神奇功效。大米含有优质蛋白，可使血管保持柔软，能降血压。

如何选购大米

优质的大米颗粒整齐，富有光泽，比较干燥，无米虫，无沙粒，米灰极少，碎米极少，闻之有股清香味，无霉变味。质量差的大米，颜色发暗，碎米多，米灰重，潮湿而有霉味。

如何储存大米

◎ 盛放大米的米具要干净、密封性好，并且盖子要盖得严实，如缸、坛、桶等。用米袋装米的话，要用塑料袋套在米布袋外面，并且把袋口扎紧。

◎ 控制温度在 8℃ ~15℃ 之间，保存效果最好。

▌皮蛋瘦肉粥

材料 大米100克，皮蛋1个，瘦猪肉30克
调料 盐3克，姜丝、葱花、麻油各少许
做法

① 大米淘洗干净，放入清水中浸泡；皮蛋去壳，洗净切丁；瘦猪肉洗净切末。② 锅置火上，注入清水，放入大米煮至五成熟。③ 放入皮蛋、瘦猪肉、姜丝煮至粥将成，放入盐、麻油调匀，撒上葱花即可。

▌苦瓜胡萝卜粥

材料 苦瓜20克，胡萝卜少许，大米100克
调料 冰糖5克，盐2克，香油少许
做法

① 苦瓜洗净切条；胡萝卜洗净切丁；大米泡发洗净。② 锅置火上，注入清水，放入大米用旺火煮至米粒开花。③ 放入苦瓜、胡萝卜丁，用文火煮至粥成，放入冰糖煮至融化后，调入盐、香油入味即可。

瘦肉豌豆粥

材料 瘦肉100克，豌豆30克，大米80克

调料 盐3克，鸡精1克，葱花、姜末、料酒、酱油、色拉油各适量

做法

① 豌豆洗净；瘦肉洗净，剁成末；大米用清水淘净，用水泡半小时。

② 大米入锅，加清水烧开，改中火，放姜末、豌豆煮至米粒开花。

③ 再放入瘦肉，改小火熬至粥浓稠，调入色拉油、盐、鸡精、料酒、酱油调味，撒上葱花。

萝卜干肉末粥

材料 萝卜干60克，猪肉100克，大米60克

调料 盐3克，味精1克，姜末5克，葱花少许

做法

① 萝卜干用温水洗净，切成小段；猪肉洗净，剁成粒；大米用清水淘净，用水浸泡半小时。

② 锅中注水，放入大米、萝卜干烧开，改中火，下入姜末、猪肉粒，煮至猪肉熟。

③ 改小火熬至粥浓稠，下入盐、味精调味，撒上葱花即可。

芋头香菇粥

材料 大米100克，芋头35克，猪肉100克，香菇20克，虾米10克

调料 盐3克，鸡精1克，芹菜粒5克

做法

① 香菇用清水洗净泥沙，切片；猪肉洗净切末；芋头洗净去皮，切小块；虾米用水稍泡洗净后捞出；大米淘净泡好。

② 锅中注水，放入大米烧开，改中火，下入其余备好的原材料。

③ 将粥熬好，加盐、鸡精调味，撒入芹菜粒。

肉末紫菜豌豆粥

材料 大米100克，猪肉50克，紫菜20克，豌豆30克，胡萝卜30克

调料 盐3克，鸡精1克

做法 ❶紫菜泡发洗净；猪肉洗净，剁成末；大米淘净泡好；豌豆洗净；胡萝卜洗净，切成小丁。❷锅中注水，放大米、豌豆、胡萝卜，大火烧开，下入猪肉煮至熟。❸小火将粥熬好，放入紫菜拌匀，调入盐、鸡精调味即可。

生菜肉丸粥

材料 生菜30克，猪肉丸子80克，香菇50克，大米适量

调料 姜末、葱花、盐、鸡精、胡椒粉各适量

做法 ❶生菜洗净切丝；香菇洗净对切；大米淘净泡好；猪肉丸子洗净切小块。❷锅中放适量水，下入大米后用大火烧开，放香菇、猪肉丸子、姜末，煮至肉丸变熟。❸改小火，放入生菜，待粥熬好，加盐、鸡精、胡椒粉调味，撒上葱花即可。

菠菜瘦肉粥

材料 菠菜100克，猪瘦肉80克，大米80克

调料 盐3克，鸡精1克，生姜末15克

做法 ❶菠菜洗净切碎；猪肉洗净切丝，用盐稍腌；大米淘净泡好。❷锅中注水，下入大米煮开，下入猪肉、生姜末，煮至猪肉变熟。❸下入菠菜，熬至粥成，调入盐、鸡精调味即可。

洋葱青菜肉丝粥

材料 洋葱50克，青菜30克，猪瘦肉100克，大米80克

调料 盐3克，鸡精1克

做法 ❶青菜洗净切碎；洋葱洗净切丝；猪肉洗净切丝；大米淘净泡好。❷锅中注水，下入大米煮开，改中火，下入猪肉、洋葱，煮至猪肉变熟。❸改小火，下入青菜，将粥熬化，调入盐、鸡精调味即可。

小知识 巧识陈大米

陈米的色泽较暗，表面呈灰粉状或有白道沟纹，其量越多则说明大米越陈旧。同时，捧起大米闻一闻气味是否正常，如有发霉的气味说明是陈米。另外，看米粒中是否有虫蚀粒，如果有虫屎和虫尸也说明是陈米。

小知识 用剩米饭煮粥

用剩饭煮粥常常黏糊糊的，可先将剩饭拿水冲洗一下，煮出的粥就如新米一样不会发黏了。

瘦肉西红柿粥

材料 西红柿100克，瘦肉100克，大米80克

调料 盐3克，味精1克，葱花、香油少许

做法

① 西红柿洗净，切成小块；瘦肉洗净切丝；大米淘净，泡半小时。② 锅中放入大米，加适量清水，大火烧开，改用中火，下入瘦肉，煮至瘦肉变熟。③ 改小火，放入西红柿，慢煮成粥，下入盐、味精调味，淋上香油，撒上葱花即可。

韭菜猪骨粥

材料 猪骨500克，韭菜50克，大米80克

调料 醋5克，料酒4克，盐3克，味精2克，姜末、花各适量

做法

① 猪骨洗净斩件，入沸水汆烫后捞出；韭菜洗净切段；大米淘净，泡半小时。② 猪骨入锅，加清水、料酒、姜末，旺火烧开，滴入醋，下入大米煮至米粒开花。③ 转小火，放入韭菜，熬煮成粥，放入盐、味精调味，撒上葱花即可。

瘦肉猪肝粥

材料 猪肝100克，瘦肉100克，大米80克，青菜30克

调料 葱花3克，料酒2克，胡椒粉2克，盐3克

做法

① 瘦肉、青菜洗净切碎，猪肝洗净切片；大米淘净泡好。

② 锅中注水，下入大米，开旺火煮至米粒开花，改中火，下入瘦肉熬煮。

③ 转小火，下入猪肝、青菜，烹入料酒，熬煮成粥，加盐、胡椒粉调味，撒上葱花即可。

鸽蛋菜肉粥

材料 鸽蛋1个，白菜、猪肉馅各20克，大米80克

调料 盐3克，香油、胡椒粉、葱花各适量

做法

① 大米洗净，入清水中浸泡；鸽蛋煮熟，去壳后剖半；白菜洗净后切成细丝。

② 锅置火上，注入清水，放入大米煮至七成熟。

③ 放入猪肉馅煮至米粒开花，放入鸽蛋、白菜稍煮，加盐、香油、胡椒粉调匀，撒葱花便可。

火腿菊花粥

材料 菊花20克，火腿肉100克，大米80克

调料 姜汁5克，葱汁3克，盐2克，白胡椒粉5克，鸡精3克

做法

① 火腿洗净切丁；大米淘净，用冷水浸泡半小时；菊花洗净备用。

② 锅中注水，下入大米，大火烧开，下入火腿、菊花、姜汁、葱汁，转中火熬煮至米粒开花。

③ 待粥熬出香味，调入盐、鸡精、白胡椒粉调味，撒上葱花即可。

排骨虾米粥

材料 猪小排骨400克，虾米100克，大米80克

调料 盐3克，姜末4克，味精2克，葱花5克

做法

① 猪排骨洗净切块，入开水中汆去血水后捞出；大米淘净，浸泡半小时备用；虾米洗净。

② 排骨入锅，加入适量清水、盐、姜末，旺火烧开，再煮半小时，下入大米煮至米粒开花。

③ 下入虾米，熬煮成粥，加盐、味精调味，撒上葱花即可。

排骨青菜粥

材料 猪排骨、大米各120克，青菜、虾米各30克

调料 盐3克，姜末2克，味精3克，熟芝麻5克

做法

① 大米淘净；猪排骨洗净，砍成小段，入开水中汆烫后捞出；青菜洗净切碎；虾米治净。

② 排骨入锅，加清水、盐、姜末，旺火烧开，再煮半小时，下入大米煮开，转中火熬煮。

③ 煮至米粒开花，下入虾米、青菜，转小火熬煮成粥，调入盐、味精调味，撒上熟芝麻即可。

猪排大米粥

材料 猪排骨500克，大米80克

调料 葱花少许，盐3克，味精2克，麻油适量

做法

① 猪排骨洗净切块，下入开水中汆去血水后捞出，再放入加盐的水中煮熟；大米淘净泡好。

② 将排骨连汤倒入锅中，下入大米，旺火烧开。

③ 改慢火，将粥熬至浓稠，放入盐、味精调味，淋上麻油，撒入葱花即可。

胡椒猪肚粥

材料 白胡椒粉7克，猪肚100克，大米80克

调料 生抽5克，料酒8克，盐3克，葱花适量

做法 ①大米淘净，浸泡半小时后捞出备用；猪肚洗净切条，用盐、料酒、生抽腌渍。②锅中注水，放入大米，旺火烧沸，下入猪肚，转中火熬煮。③慢火熬煮至粥黏稠，且出香味，加盐、白胡椒粉调味，撒上葱花即可。

猪腰干贝粥

材料 猪腰、猪肝各50克，干贝、青菜各15克，大米100克

调料 葱花、酱油、盐、麻油、生姜各适量

做法 ①猪腰洗净，去除腰臊，切上花刀；大米淘净；青菜洗净切碎；猪肝洗净切片；干贝用温水泡发后撕碎；生姜去皮，洗净切末。②大米入锅，加水，旺火煮沸，下干贝、姜末、猪腰、猪肝、青菜，待粥熬好，加盐、酱油调味，淋上麻油，撒入葱花即可。

安神猪心粥

材料 猪心120克，大米150克

调料 葱花3克，姜末2克，料酒5克，味精、盐各3克

做法 ①大米洗净，泡半小时；猪心洗净，剖开切成薄片，用盐、味精、料酒腌渍。②大米放入锅中，加水煮沸，放入腌好的猪心、姜末，转中火熬煮。③改小火，熬煮成粥，加入盐调味，撒上葱花即可。

黄瓜猪肘粥

材料 猪肘肉120克，黄瓜片50克，木通、漏芦各10克，大米120克

调料 葱花4克，盐2克，豆豉、枸杞各适量

做法 ①木通、漏芦洗净，入锅煎煮后取汁；大米淘净泡好；猪肘肉入锅炖好后捞出；枸杞洗净。②大米入锅，加入清水，大火煮沸，下猪肘肉、豆豉、枸杞，倒入药汁，再以中火熬煮至米粒开花。③下入黄瓜，转小火熬煮成粥，调入盐调味，撒上葱花即可。

牛肚青菜粥

材料 牛肚120克，青菜30克，大米80克

调料 盐3克，鸡精1克

做法

❶青菜洗净切碎；牛肚洗净，入开水中烫熟后捞出切丝大米淘净泡好。❷锅中注水，下入大米，旺火煮沸，下入牛肚，改中火熬煮至米粒软散。❸转小火，熬煮成粥，下入青菜拌匀，调入盐、鸡精调味即可。

羊肉山药粥

材料 羊肉100克，山药60克，大米80克

调料 姜丝3克，葱花2克，盐3克，胡椒粉适量

做法

❶羊肉洗净切片；大米淘净，泡半小时；山药洗净，去皮切丁。❷锅中注水，下入大米、山药，煮开，再下入羊肉、姜丝，改中火熬煮半小时。❸慢火熬煮成粥，加盐、胡椒粉调味，撒入葱花即可。

猪腰香菇粥

材料 大米80克，猪腰100克，香菇50克

调料 盐3克，鸡精1克，葱花少许

做法

①香菇洗净对切；猪腰洗净，去腰臊，切上花刀；大米淘净，浸泡半小时后捞出沥干水分。

②锅中注水，放入大米以旺火煮沸，再下入香菇熬煮至将成时。

③下入猪腰，待猪腰变熟，调入盐、鸡精搅匀，撒上葱花即可。

韭菜牛肉粥

材料 韭菜35克，牛肉80克，红椒20克，大米100克

调料 盐3克，味精2克，胡椒粉3克，姜末适量

做法

①韭菜洗净切段，大米淘净泡好，牛肉洗净切片，红椒洗净切圈。

②大米放入锅中，加适量清水，大火烧开，下入牛肉和姜末，转中火熬煮至粥将成。

③放入韭菜、红椒，待粥熬至浓稠，加盐、味精、胡椒粉调味即可。

牛肉鸡蛋大米粥

材料 牛里脊肉100克，鸡蛋2个，大米80克

调料 盐3克，鸡精2克，香菜适量

做法

①牛里脊肉洗净切薄片；大米淘净，浸泡半小时后捞出沥干水；鸡蛋打入碗中，搅拌均匀。

②大米入锅，加适量清水以旺火烧沸，下入牛里脊肉，转中火熬煮至米粒软散。

③待粥快熟好时，下入鸡蛋液，并搅匀，加盐、鸡精调味，撒上香菜即可。

小知识 大米生虫的处理

　　大米生虫后，人们常常喜欢把大米置于阳光曝晒，这样做非但达不到杀死米虫的目的，反而会适得其反，因为两三天后，大米中的米虫定会有增无减，而且曝晒后的大米因丧失水分而影响口感。正确的做法是，将生虫大米放在阴凉通风处，让虫子慢慢爬出，然后再筛一筛。

羊肉芹菜粥

材料 芹菜50克，羊肉100克，大米80克

调料 盐3克，味精1克

做法

❶芹菜洗净，切成小粒；羊肉洗净切片；大米淘净，泡半小时，捞出沥干水分备用。❷锅中注水，下入大米，大火煮开，下入羊肉片转中火熬煮。❸待粥快熬好时，下入芹菜拌匀，加盐、味精调味即可。

重点提示 芹菜可先在开水中焯一下。

狗肉枸杞粥

材料 狗肉200克，枸杞50克，大米80克

调料 盐3克，生抽2克，料酒5克，味精3克，姜末2克，香油、葱花各适量

做法

❶狗肉洗净切块，用料酒、生抽腌渍，入锅炒至干身；大米淘净，浸泡半小时；枸杞洗净。❷大米入锅，加适量清水，旺火煮沸，下入姜末、枸杞，转中火熬煮。❸下入狗肉，转小火熬煮粥浓稠，调入盐、味精调味，淋香油，撒入葱花即可。

鸡心香菇粥

材料 鸡心、香菇各100克，大米、枸杞各适量

调料 盐3克，鸡精2克，葱花、姜丝各4克，料酒5克，生抽适量

做法 ①香菇洗净，切成细丝；鸡心洗净切块，加料酒、生抽腌渍；枸杞洗净；大米淘净，浸泡1小时。②大米放入锅中，加适量清水，旺火烧沸，下入香菇、枸杞、鸡心和姜丝，转中火熬煮至米粒开花。③小火将粥熬好，加盐调味，撒上葱花即可。

海带鸭肉枸杞粥

材料 鸭肉200克，海带、大米各80克，枸杞30克

调料 盐3克，味精2克，葱花适量

做法 ①海带洗净，泡发切丝；大米淘净泡好；枸杞洗净；鸭肉洗净切块，入油锅中爆炒至水分全干后，盛出备用。②大米入锅，放入水后煮沸，下入海带、枸杞，转中火熬煮。③鸭肉倒入锅中，煲好粥，调入盐、味精调味，撒上葱花即可。

冬瓜鹅肉粥

材料 鹅肉150克，冬瓜50克，大米200克

调料 生抽6克，姜丝10克

做法 ①鹅肉洗净切块，用生抽腌渍，入锅炖好；大米淘净泡好；冬瓜洗净，去皮切块。②锅中加适量清水，放入大米，旺火烧沸，下入姜丝、冬瓜，转中火熬煮至米粒软散。③放入鹅肉，待粥成时，加盐、鸡精调味，淋入麻油，撒入葱花即可。

枸杞鹌鹑粥

材料 大米80克，鹌鹑2只，枸杞30克

调料 料酒5克，生抽、姜丝各3克，盐、鸡精各2克，葱花3克

做法 ①枸杞洗净；大米淘净；鹌鹑治净切块，用料酒、生抽腌渍。②油锅烧热，放鹌鹑过油捞出。锅中注水，下大米烧沸，再下入鹌鹑、姜丝、枸杞后转中火熬煮。③慢火熬化成粥，调入盐、鸡精调味，撒上葱花即可。

鸡丝木耳粥

材料 大米150克，鸡脯肉50克，黑木耳30克，菠菜20克

调料 盐3克，味精1克，料酒6克，麻油适量

做法

① 黑木耳泡发，洗净切丝；鸡脯肉洗净切丝，用料酒腌渍；菠菜洗净切碎；大米淘净。

② 锅中注水，下入大米以大火烧沸，下入黑木耳，转中火熬煮至米粒开花。

③ 再下入鸡丝、菠菜，将粥熬出香味，加盐、味精调味，淋上麻油拌匀即可。

土豆蛋黄牛奶粥

材料 土豆30克，熟鸡蛋黄1个，牛奶100克，大米80克

调料 白糖3克，葱花适量

做法

① 大米洗净，入清水中浸泡；土豆去皮洗净，切成小块放入清水中稍泡。

② 锅置火上，注入清水，放入大米煮至五成熟。

③ 加入牛奶调匀后放入土豆，煮至米粒开花，放入鸡蛋黄，加白糖调匀，撒上葱花即可。

干贝鱼片粥

材料 干贝20克，草鱼肉50克，大米80克

调料 盐3克，味精2克，料酒、香菜末、枸杞、香油各适量

做法

① 大米淘洗干净，用清水浸泡片刻；草鱼肉治净切块，用料酒腌渍去腥；干贝用温水泡发，撕成细丝。

② 锅置火上，注入清水，放入大米煮至五成熟。

③ 放入鱼肉、干贝、枸杞煮至米粒开花，加盐、味精、香油调匀，撒上香菜末便可。

鱼肉鸡蛋粥

材料 鲜草鱼肉50克，鸡蛋清适量，胡萝卜丁少许，大米100克

调料 盐3克，料酒、葱花、胡椒粉各适量

做法 ①大米淘洗干净，放入清水中浸泡；草鱼肉治净切块，用料酒腌渍去腥。②锅置火上，注入清水，放入大米煮至五成熟。③放入鱼肉、胡萝卜丁煮至粥将成，将火调小，倒入鸡蛋清打散，稍煮后加盐、胡椒粉调匀，撒上葱花便可。

鳕鱼蘑菇粥

材料 大米80克，冷冻鳕鱼肉50克，蘑菇、青豆各20克、枸杞适量

调料 盐、姜丝、香油、高汤各适量

做法 ①大米洗净；鳕鱼肉洗净，用盐腌渍去腥；青豆、蘑菇洗净。②锅置火上，放入大米，加适量高汤煮至五成熟。③放入鳕鱼、青豆、蘑菇、姜丝、枸杞煮至米粒开花，加盐、香油调匀即可。

鲤鱼冬瓜粥

材料 大米80克，鲤鱼50克，冬瓜20克

调料 盐3克，味精2克，姜丝、葱花、料酒、香油各适量

做法 ①大米淘洗干净，用清水浸泡；鲤鱼治净切小块，用料酒腌渍；冬瓜去皮洗净，切小块。②锅置火上，注入清水，放入大米煮至五成熟。③放入鱼肉、姜丝、冬瓜煮至粥将成，加盐、味精、香油调匀，撒上葱花便可。

青鱼芹菜粥

材料 大米80克，青鱼肉50克，芹菜20克

调料 盐3克，味精2克，料酒、枸杞、姜丝、香油各适量

做法 ①大米淘洗干净，放入清水中浸泡；青鱼肉治净改刀，用料酒腌渍；芹菜洗净切好。②锅置火上，注入清水，放入大米煮至五成熟。③放入鱼肉、姜丝、枸杞煮至粥将成，放入芹菜稍煮后加盐、味精、香油调匀便可。

小窍门 **大米巧防潮**

用 500 克干海带与 15 千克大米共同储存，可以防潮，海带拿出仍可食用。

墨鱼猪肉粥

材料 大米80克，墨鱼50克，猪肉20克

调料 盐3克，味精2克，白胡椒粉、姜汁、葱花、料酒各适量

做法

①大米洗净，用清水浸泡；墨鱼治净后打上花刀，用料酒腌渍去腥；猪肉洗净切片。②锅置火上，注入清水，放入大米煮至五成熟。③再放入墨鱼、猪肉、姜汁煮至米粒开花，加盐、味精、白胡椒粉调匀，撒上葱花即可。

飘香鳝鱼粥

材料 鳝鱼50克，大米100克

调料 盐3克，味精2克，料酒、香菜叶、枸杞、香油、胡椒粉各适量

做法

①大米洗净，放入清水中浸泡；鳝鱼治净切小段。②油锅烧热，放入鳝鱼段，烹入料酒、加盐，炒熟后盛出。③锅置火上，放入大米，加适量清水煮至五成熟。放入鳝鱼段、枸杞煮至粥将成，加盐、味精、香油、胡椒粉调匀，撒上香菜叶即可食用。

小知识 巧识"毒大米"

"毒大米"用少量热水浸泡后，手捻会有油腻感，严重者水面可浮有油斑，仔细观察会发现米粒有一点浅黄。通常这种大米的外包装上都不会写明厂址及生产日期，价格也会比正常大米低一些。

螃蟹豆腐粥

材料 螃蟹1只，豆腐20克，白米饭80克

调料 盐3克，味精2克，香油、胡椒粉、葱花各适量

做法

① 螃蟹治净后蒸熟；豆腐洗净，沥干水分后研碎。

② 锅置火上，放入清水，烧沸后倒入白米饭，煮至

七成熟。

③ 放入蟹肉、豆腐熬煮至粥将成，加盐、味精、香油、胡椒粉调匀，撒上葱花即可。

重点提示 可配姜末醋汁来杀掉螃蟹身上的细菌。

菠菜山楂粥

材料 菠菜20克，山楂20克，大米100克

调料 冰糖5克

做法

① 大米淘洗干净，用清水浸泡；菠菜洗净；山楂洗净。

② 锅置火上，放入大米，加适量清水煮至七成熟。

③ 放入山楂煮至米粒开花，放入冰糖、菠菜少煮后调匀便可。

黄瓜松仁枸杞粥

材料 黄瓜、松仁、枸杞各20克，大米90克

调料 盐2克，鸡精1克

做法 ❶大米洗净，泡发1小时；黄瓜洗净，切成小块；松仁去壳取仁，枸杞洗净。❷锅置火上，注入水后，放入大米、松仁、枸杞，用大火煮开。❸再放入黄瓜煮至粥成，调入盐、鸡精煮至入味，再转入煲仔内煮开即可食用。

黄瓜胡萝卜粥

材料 黄瓜、胡萝卜各15克，大米90克

调料 盐3克，味精少许

做法 ❶大米泡发洗净；黄瓜、胡萝卜洗净，切成小块。❷锅置火上，注入清水，放入大米，煮至米粒开花。❸放入黄瓜、胡萝卜，改用小火煮至粥成，调入盐、味精入味即可。

韭菜枸杞粥

材料 白米100克，韭菜、枸杞各15克

调料 盐2克，味精1克

做法 ❶韭菜洗净切段；枸杞洗净；白米泡发洗净。❷锅置火上，注水后，放入白米，用大火煮至米粒开花。❸放入韭菜、枸杞，改用小火煮至粥成，加入盐、味精入味即可。

重点提示 韭菜用清水浸泡半小时，可去掉残留农药。

枸杞南瓜粥

材料 南瓜20克，粳米100克，枸杞15克

调料 白糖5克

做法 ❶粳米泡发洗净；南瓜去皮洗净切块；枸杞洗净。❷锅置火上，注入清水，放入粳米，用大火煮至米粒绽开。❸放入枸杞、南瓜，用小火煮至粥成，调入白糖入味，即成。

豆腐香菇粥

材料 水发香菇、豆腐各适量，大米100克

调料 盐3克，味精1克，香油4克，姜丝、蒜片、葱各少许

做法

① 大米泡发洗净；豆腐洗净切块；香菇洗净切条；葱洗净切花；姜丝、蒜片洗净。

② 锅置火上，注入清水，放入大米煮至米粒开花后，放入香菇、豆腐、姜丝、蒜片同煮。

③ 煮至粥可闻见香味后，加入香油，调入盐、味精入味，撒上葱花即可。

山药白菜减肥粥

材料 山药30克，白菜15克，大米90克

调料 盐3克

做法

① 山药去皮洗净后切块；白菜洗净切丝；大米淘洗干净，泡发备用。

② 锅置火上，注入清水，放入大米、山药，用旺火煮至米粒绽开。

③ 放入白菜，用小火煮至粥浓稠时，放入盐调味即可食用。

黄花芹菜粥

材料 干黄花菜、芹菜各15克，大米100克

调料 麻油5克，盐2克，味精1克

做法

① 芹菜洗净，切成小段；干黄花菜泡发洗净；大米洗净，泡发半小时。

② 锅置火上，注入适量清水后，放入大米，用大火煮至米粒绽开。

③ 放入芹菜、黄花菜，改用小火煮至粥成，调入盐、味精入味，滴入麻油即可食用。

南瓜木耳粥

材料 黑木耳15克，南瓜20克，糯米100克

调料 盐、葱各3克

做法 ①糯米洗净，浸泡半小时后捞出沥干水分；黑木耳泡发洗净后切丝；南瓜去皮洗净，切成小块；葱洗净切花。②锅置火上，注入清水，放入糯米、南瓜用大火煮至米粒绽开后，再放入黑木耳。③用小火煮至粥成后，调入盐搅匀入味，撒上葱花即可。

南瓜山药粥

材料 南瓜、山药各30克，大米90克

调料 盐2克

做法 ①大米洗净，泡发1小时备用；山药、南瓜去皮洗净切块。②锅置火上，注入清水，放入大米，开大火煮至沸开。③再放入山药、南瓜煮至米粒绽开，改用小火煮至粥成，调入盐入味即可。

南瓜菠菜粥

材料 南瓜、菠菜、豌豆各50克，大米90克

调料 盐3克，味精少许

做法 ①南瓜去皮洗净后切丁；豌豆洗净；菠菜洗净后切成小段；大米泡发洗净。②锅置火上，注入适量清水后，放入大米用大火煮至米粒绽开。③再放入南瓜、豌豆，改用小火煮至粥浓稠，最后下入菠菜再煮3分钟，调入盐、味精搅匀入味即可。

南瓜红豆粥

材料 红豆、南瓜各适量，大米100克

调料 白糖6克

做法 ①大米泡发洗净；红豆泡发洗净；南瓜去皮洗净后切小块。②锅置火上，注入清水，放入大米、红豆、南瓜，用大火煮至米粒绽开。③再改用小火煮至粥成后，调入白糖，即可食用。

小知识 米与水果不宜一起存放

米易发热，水果受热则容易蒸发水分而干枯，而米亦会吸收水分后发生霉变或生虫。

南瓜西兰花粥

材料 南瓜、西兰花各适量，大米90克

调料 盐2克

做法

① 大米泡发洗干净；南瓜去皮洗净后切块；西兰花洗干净后掰成小朵。② 锅置火上，注入适量清水，放入大米、南瓜，用大火煮至米粒绽开。③ 再放入西兰花，改用小火煮至粥成，放入盐调味，即可。

重点提示 尽量不要选用花序全开的西兰花。

小白菜萝卜粥

材料 小白菜30克，胡萝卜少许，大米100克

调料 盐3克，味精少许，香油适量

做法

① 小白菜洗净切丝；胡萝卜洗净切小块；大米泡发洗净。

② 锅置火上，注水后，放入大米，用大火煮至米粒绽开。

③ 放入胡萝卜、小白菜，用小火煮至粥成，放入盐、味精，滴入香油即可食用。

黄瓜芦荟大米粥

材料 黄瓜、芦荟各20克，大米80克

调料 盐、葱各2克

做法

① 大米洗净泡发；芦荟洗净，切成小粒备用；黄瓜洗净，切成小块；葱洗净切花。

② 锅置火上，注入清水，放入大米煮至米粒熟烂后，放入芦荟、黄瓜。

③ 用小火煮至粥成时，调入盐入味，撒上葱花即可食用。

西红柿海带粥

材料 西红柿15克，海带清汤适量，米饭一碗

调料 盐、葱各3克

做法

① 西红柿洗净切丁；葱洗净切花。

② 锅置火上，注入海带清汤后，放入米饭煮至沸。

③ 放入西红柿，用小火煮至粥成，调入盐入味，撒上葱花即可。

重点提示 先在西红柿表皮轻割几下，再放入开水中烫一下更易剥皮。

香葱冬瓜粥

材料 冬瓜40克，大米100克

调料 盐、香葱各适量

做法

① 冬瓜去皮洗净后切块；葱洗净切花；大米泡发洗净。

② 锅置火上，注水后，放入大米，用旺火煮至米粒绽开。

③ 放入冬瓜，改用小火煮至粥浓稠，调入盐入味，撒上葱花即可。

重点提示 香葱要切细，味道更佳。

小米粥

小米

◆**营养成分：**含有淀粉、蛋白质、脂肪、钙、磷、铁、维生素 B_1、维生素 B_2 及胡萝卜素等。

◆**食疗功效：**小米有健脾、和胃、安眠等功效。小米含蛋白质、脂肪、铁和维生素等，消化吸收率高，是幼儿的营养食品。小米中富含人体必需的氨基酸，是体弱多病者的滋补保健佳品。小米含有大量的碳水化合物，对缓解精神压力、紧张、乏力等有很大的作用。

如何选购小米

购买小米应选择米粒大小、颜色均匀，无虫，无杂质的小米。

巧煮小米饭

◎将洗净的小米用笼屉干蒸一下，再放入锅里加水煮，注意只能用中火，使水面保持微开，烧至锅内米汤稍高出小米时，改用小火焖煮，待听不到锅内水响时，熄火，再焖 7~8 分钟，即可食用。

▌母鸡小米粥

材料 小米80克，母鸡肉150克

调料 料酒6克，姜丝10克，盐3克，葱花少许

做法

① 母鸡肉洗净，切小块，用料酒腌渍；小米淘净，浸泡半小时。② 油锅烧热，爆香姜丝，放入腌好的鸡肉过油，捞出备用。③ 锅中加适量清水烧开，下入小米，旺火煮沸，转中火熬煮。④ 慢火将粥熬出香味，再下入母鸡肉煲5分钟，加盐调味，撒上葱花即可。

▌鸡蛋萝卜小米粥

材料 小米100克，鸡蛋1个，胡萝卜20克

调料 盐3克，香油、胡椒粉、葱花少许

做法

① 小米洗净；胡萝卜洗净后切丁；鸡蛋煮熟后切碎。② 锅置火上，注入清水，放入小米、胡萝卜煮至八成熟。③ 下鸡蛋煮至米粒开花，加盐、香油、胡椒粉，撒葱花便可。

重点提示 要慢火熬出来的粥才好吃。

小知识 巧识用姜黄粉染色的小米

用手捻几粒小米，蘸点水在手心搓一搓，凡用姜黄粉染过色的小米颜色会由黄变灰暗，手心残留有黄色。

山药芝麻小米粥

材料 山药、黑芝麻各适量，小米70克

调料 盐2克，葱8克

做法

1 小米泡发洗净；山药洗净切丁；黑芝麻洗净；葱洗净切花。2 锅置火上，倒入清水，放入小米、山药同煮开。3 加入黑芝麻同煮至浓稠状，调入盐拌匀，撒上葱花即可。

糯米粥

糯米

◆ **营养成分：** 含有蛋白质、脂肪、糖类、钙、磷、铁、维生素 B_1、维生素 B_2、烟酸及淀粉等。

◆ **食疗功效：** 能够补养体气，温补脾胃，还能够缓解气虚所导致的盗汗，妊娠后腰腹坠胀，劳动损伤后气短乏力等症状。糯米适宜贫血、腹泻、脾胃虚弱、神经衰弱者食用。不适宜腹胀、咳嗽、痰黄、发热患者。

如何选购糯米

糯米以放了三四个月的为最好，因为新鲜糯米不太容易煮烂，也较难吸收作料的香味。

巧煮糯米饭

◎在蒸煮糯米前要先浸泡两个小时。蒸煮的时间要控制好，煮过头的糯米就失去了糯米的香气；若煮的时间不够长的话，糯米便会过于生硬。

黄花菜瘦肉糯米粥

材料 干黄花菜50克，瘦肉100克，紫菜30克，糯米80克

调料 盐3克，鸡精1克，香油5克，葱花6克

做法

❶ 干黄花菜泡发，切小段；紫菜泡发，洗净撕碎；瘦肉洗净切末；糯米淘净，浸泡3个小时。❷ 锅中注水，下入糯米，大火烧开，改中火，下入瘦肉、干黄花菜煮至瘦肉变熟。❸ 小火将粥熬好，最后下入紫菜，再煮5分钟后，调入盐、味精调味，淋香油，撒上葱花即可。

南瓜百合杂粮粥

材料 南瓜、百合各30克，糯米、糙米各40克

调料 白糖5克

做法

❶ 糯米、糙米均泡发洗净；南瓜去皮洗净切丁；百合洗净切片。

❷ 锅置火上，倒入清水，放入糯米、糙米、南瓜煮开。

❸ 加入百合同煮至浓稠状，调入白糖拌匀即可。

莲藕糯米甜粥

材料 鲜藕、花生、红枣各15克，糯米90克

调料 白糖6克

做法 ① 糯米泡发洗净；莲藕洗净切片；花生洗净；红枣去核洗净。② 锅置火上，注入清水，放入糯米、藕片、花生、红枣，用大火煮至米粒完全绽开。③ 改用小火煮至粥成，加入白糖调味即可。

莲藕糯米粥

材料 莲藕30克，糯米100克

调料 白糖5克，葱少许

做法 ① 莲藕洗净切片；糯米泡发洗净；葱洗净切花。② 锅置火上，注入清水，放入糯米用大火煮至米粒绽开。③ 放入莲藕，用小火煮至粥浓稠时，加入白糖调味，再撒上葱花即可。

双瓜糯米粥

材料 南瓜、黄瓜各适量，糯米粉20克，大米90克

调料 盐2克

做法 ① 大米泡发洗净；南瓜去皮洗净后切小块；黄瓜洗净切小块；糯米粉加适量温水搅匀成糊。② 锅置火上，注入清水，放入大米、南瓜煮至米粒绽开后，再放入搅成糊的糯米粉稍煮。③ 下入黄瓜，改用小火煮至粥成，调入盐入味，即可食用。

香菇枸杞养生粥

材料 糯米80克，水发香菇20克，枸杞10克，红枣20克

调料 盐2克

做法 ① 糯米泡发洗净，浸泡半小时后捞出沥干水分；香菇洗净切丝；枸杞洗净；红枣洗净，去核切片。② 锅置火上，放入糯米、枸杞、红枣、香菇，倒入清水煮至米粒开花。③ 转小火，待粥至浓稠状时，调入盐拌匀即可。

玉米粥

玉米

◆**营养成分:** 含蛋白质、脂肪、糖类、胡萝卜素、B族维生素、维生素E及丰富的钙、铁、铜、锌等多种矿物质。

◆**食疗功效:** 玉米有开胃益智、宁心活血、调理中气等功效,还能降低血脂,延缓人体衰老,预防脑功能退化,增强记忆力。玉米中含有一种特殊的抗癌物质——谷胱甘肽,它进入人体内可与多种致癌物质结合,使其失去致癌性。

如何选购玉米

购买玉米以整齐、饱满、无缝隙、色泽金黄、表面光亮者为佳。

▌鸡蛋玉米瘦肉粥

材料 大米80克,玉米粒20克,鸡蛋1个,瘦肉20克
调料 盐3克,香油、胡椒粉、葱花适量
做法
①大米洗净,用清水浸泡;瘦肉洗净切片;鸡蛋煮熟切碎。
②锅置火上,注入清水,放入大米、玉米粒煮至七成熟。
③再放入瘦肉煮至粥成,放入鸡蛋,加盐、香油、胡椒粉调匀,撒上葱花即可。

▌玉米鸡蛋猪肉粥

材料 玉米糁80克,猪肉100克,鸡蛋1个
调料 盐3克,鸡精1克,料酒6克,葱花少许
做法
①猪肉洗净切片,用料酒、盐腌渍片刻;玉米糁淘净,浸泡6小时备用;鸡蛋打入碗中搅匀。
②锅中加清水,放玉米糁,大火煮开,改中火煮至粥将成时,下入猪肉片,煮至变熟。
③再淋入蛋液,加盐、鸡精调味,撒上葱花即可。

玉米火腿粥

材料 玉米粒30克，火腿100克，大米50克

调料 葱、姜各3克，盐2克，胡椒粉3克

做法 ①火腿洗净切丁；玉米拣尽杂质后淘净，浸泡1小时；大米淘净，用冷水浸泡半小时后，捞出沥干水分。②大米下锅，加适量清水，大火煮沸，下入火腿、玉米粒、姜丝，转中火熬煮至米粒开花。③改小火，熬至粥浓稠，放入盐、胡椒粉调味，撒上葱花即可。

鲫鱼玉米粥

材料 大米80克，鲫鱼50克，玉米粒20克

调料 盐3克，味精2克，葱白丝、葱花、姜丝、黄酒、香醋、麻油各适量

做法 ①大米淘洗净，再用清水浸泡；鲫鱼治净后切小片，用黄酒腌渍；玉米粒洗净备用。②锅置火上，放入大米，加适量清水煮至五成熟。③放入鱼肉、玉米、姜丝煮至米粒开花，加盐、味精、麻油、香醋调匀，放入葱白丝、葱花便可。

菠菜玉米枸杞粥

材料 菠菜、玉米粒、枸杞各15克，大米100克

调料 盐3克，味精1克

做法 ①大米泡发洗净；枸杞、玉米粒洗净；菠菜择去根后洗净，切成碎末。②锅置火上，注入清水后，放入大米、玉米、枸杞用大火煮至米粒开花。③再放入菠菜，用小火煮至粥成，调入盐、味精入味即可。

白菜玉米粥

材料 大白菜30克，玉米糁90克，芝麻少许

调料 盐3克，味精少许

做法 ①大白菜洗净切丝；芝麻洗净。②锅置火上，注入清水烧沸后，边搅拌边倒入玉米糁。③再放入大白菜、芝麻，用小火煮至粥成，调入盐、味精入味即可。

重点提示 玉米穗不要丢掉，一起煲粥营养更丰富。

豆浆玉米粥

材料 鲜豆浆120克，玉米粒50克，豌豆30克，胡萝卜20克，大米80克

调料 冰糖、葱各8克

做法

① 大米泡发洗净；玉米粒、豌豆均洗净；胡萝卜洗净切丁；葱洗净切花。

② 锅置火上，倒入清水，放入大米煮至开花，再入玉米、豌豆、胡萝卜同煮至熟。

③ 注入鲜豆浆，放入冰糖，同煮至浓稠状，撒上葱花即可。

豆芽玉米粥

材料 黄豆芽、玉米粒各20克，大米100克

调料 盐3克，香油5克

做法

① 玉米粒洗净；豆芽洗净，摘去根部；大米洗净，泡发半小时。

② 锅置火上，倒入清水，放入大米、玉米粒用旺火煮至米粒开花。

③ 再放入黄豆芽，改用小火煮至粥成，调入盐、香油搅匀即可。

豆腐菠菜玉米粥

材料 玉米粉90克，菠菜10克，豆腐30克

调料 盐2克，味精1克，麻油5克

做法

① 菠菜洗净；豆腐洗净切块。

② 锅置火上，注水烧沸后，放入玉米粉，用筷子搅匀。

③ 再放入菠菜、豆腐煮至粥成，调入盐、味精，滴入麻油即可食用。

重点提示 最好不要频繁翻动豆腐，否则易碎。

小知识 玉米面粥洗碗

玉米面粥存放时间久了，就得扔掉，其实可以用这些玉米面来洗碗，它吸油性强，且不会伤手，很容易冲洗干净，无毒又环保。

哈密瓜玉米粥

材料 哈密瓜、嫩玉米粒、枸杞各适量，大米80克

调料 冰糖12克，葱少许

做法

① 大米泡发洗净；哈密瓜去皮洗净切块；玉米粒、

枸杞洗净；葱洗净切花。

② 锅置火上，注入清水，放入大米、枸杞、玉米用大火煮至米粒绽开后，放入哈密瓜块同煮。

③ 再放入冰糖煮至粥熟后，撒上葱花即可食用。

芹菜玉米粥

材料 大米100克，芹菜、玉米各30克

调料 盐2克，味精1克

做法

① 芹菜、玉米洗净；大米泡发洗净。

② 锅置火上，注水后，放入大米用旺火煮至米粒绽开。

③ 放入芹菜、玉米，改用小火焖煮至粥成，调入盐、味精入味即可食用。

重点提示 芹菜去掉硬茎，味道更佳。

牛奶玉米粥

材料 玉米粉80克，牛奶120克，枸杞少许

调料 白糖5克

做法 ❶枸杞洗净备用。❷锅置火上，倒入牛奶煮至沸后，缓缓倒入玉米粉，搅拌至半凝固。❸放入枸杞，用小火煮至粥呈浓稠状，调入白糖入味即可食用。

重点提示 宜选用有奶香味的纯牛奶。

山楂玉米粥

材料 大米100克，山楂片20克，胡萝卜丁、玉米粒各少许

调料 砂糖5克

做法 ❶大米淘洗干净，放入清水中浸泡；胡萝卜丁、玉米粒洗净备用；山楂片洗净，切成细丝。❷锅置火上，注入清水，放入大米煮至八成熟。❸再放入胡萝卜丁、玉米粒、山楂丝煮至粥将成，放入砂糖调匀便可。

香蕉玉米粥

材料 香蕉、玉米粒、豌豆各适量，大米80克

调料 冰糖12克

做法 ❶大米泡发洗净；香蕉去皮切片；玉米粒、豌豆洗净。❷锅置火上，注入清水，放入大米，用大火煮至米粒绽开。❸放入香蕉、玉米粒、豌豆、冰糖，用小火煮至粥成即可食用。

重点提示 香蕉不宜选用过于成熟的。

玉米核桃粥

材料 核桃仁20克，玉米粒30克，大米80克

调料 白糖3克，葱8克

做法 ❶大米泡发洗净；玉米粒、核桃仁均洗净；葱洗净切花。❷锅置火上，倒入清水，放入大米、玉米煮开。❸加入核桃仁同煮至浓稠状，调入白糖拌匀，撒上葱花即可。

薏米粥

薏米

◆**营养成分：** 含有蛋白质、脂肪、碳水化合物、多种维生素及人体所需的各类氨基酸。

◆**食疗功效：** 薏米具有利水渗湿、抗癌、解热、镇静、镇痛、抑制骨骼肌收缩、健脾止泻、除痹、排脓等功效，还可美容健肤，对于治疗扁平疣等病症有一定的食疗功效。

如何选购薏米

选购薏米时，以粒大、饱满、色白、完整者为佳品。

如何煮薏米粥

◎薏米煮粥前用清水浸泡半个小时，然后小火慢煮。

皮蛋瘦肉薏米粥

材料 皮蛋1个，瘦肉30克，薏米50克，大米80克

调料 盐3克，味精2克，麻油、胡椒粉适量，葱花、枸杞少许

做法

①大米、薏米洗净，放入清水中浸泡；皮蛋去壳，洗净切丁；瘦肉洗净切小块。②锅置火上，注入清水，放入大米、薏米煮至略带黏稠状。③再放入皮蛋、瘦肉、枸杞煮至粥将成，加盐、味精、麻油、胡椒粉调匀，撒上葱花即可。

白菜薏米粥

材料 大米、薏米各40克，芹菜、白菜各适量

调料 盐2克

做法

①大米、薏米均泡发洗净；芹菜、白菜均洗净切碎。②锅置火上，倒入清水，放入大米、薏米煮至开花。③待煮至浓稠状时，加入芹菜、白菜稍煮，调入盐拌匀即可。

重点提示 薏米煮前先用水浸泡几个小时。

百合桂圆薏米粥

材料 百合、桂圆肉各25克，薏米100克

调料 白糖5克，葱花少许

做法

① 薏米洗净，放入清水中浸泡；百合、桂圆肉洗净。

② 锅置火上，放入薏米，加适量清水煮至粥将成。

③ 放入百合、桂圆肉煮至米烂，加白糖稍煮后调匀，撒葱花便可。

南瓜薏米粥

材料 南瓜40克，薏米20克，大米70克

调料 盐2克，葱花少许

做法

① 大米、薏米均泡发洗净；南瓜去皮洗净切丁。

② 锅置火上，倒入清水，放入大米、薏米，以大火煮开。

③ 加入南瓜煮至浓稠状，调入盐拌匀，撒上葱花即可。

香蕉菠萝薏米粥

材料 香蕉、菠萝各适量，薏米40克，大米60克

调料 白糖12克

做法

① 大米、薏米泡发洗净；菠萝去皮洗净切块；香蕉去皮切片。

② 锅置火上，注入清水，放入大米、薏米用大火煮至米粒开花。

③ 放入菠萝、香蕉，改小火煮至粥成，调入白糖入味即可食用。

黑 米 粥

黑米

◆**营养成分：**含有蛋
白质、脂肪、B族维
生素、钙、磷、铁、
锌等多种矿物质。

◆**食疗功效：**黑米具有健脾开胃、补肝明目、滋阴
补肾、抗衰美容、益气补虚、防病强身、促进骨骼
和大脑发育之功效。

如何选购黑米

　　购买时应选有光泽、大小均匀、无碎米、无
虫、无杂质、微甜、无异味的黑米，将其外层刮掉，
应为白色，否则可能是染色黑米。

如何蒸煮黑米

◎蒸煮黑米前应先将其浸泡一夜，蒸煮时将泡米
水一起下锅煮，否则会流失营养物质。

▌黑米瘦肉粥

材料 黑米80克，瘦肉、红椒、芹菜各适量
调料 盐、味精、胡椒粉各2克，料酒5克
做法
① 黑米泡发洗净，瘦肉洗净切丝，红椒洗净切圈，
芹菜洗净切碎。② 锅置火上，倒入清水，放入黑米
煮开。③ 加入瘦肉、红椒同煮至浓稠状，再入芹菜
稍煮，调入盐、味精、料酒、胡椒粉拌匀即可。

花生粥

花生

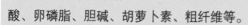

◆ **营养成分：** 含有蛋白质、脂肪、糖类、维生素A、钙、磷、铁、氨基酸、不饱和脂肪酸、卵磷脂、胆碱、胡萝卜素、粗纤维等。

◆ **食疗功效：** 花生可以促进人体的新陈代谢、增强记忆力，可益智、抗衰老、延长寿命。此外，花生还具有止血功效，其外皮含有可对抗纤维蛋白溶解的成分，可改善血小板的质量。而且花生对于预防心脏病、高血压和脑溢血的产生有食疗作用。

如何选购花生米

购买花生以果荚呈土黄色或白色、色泽分布均匀一致为宜。果仁以颗粒饱满、形态完整、大小均匀、肥厚而又光泽为好。

如何储存花生米

◎把花生米放在容器中，晒2～3天。然后把它晾凉，用食品袋装好，把口封好扎紧，放入冰箱内，可保存1～2年，随取随吃随加工，味道跟新花生米一样。

▌花生猪排粥

材料 大米200克，花生米50克，猪排骨180克

调料 盐4克，味精1克，姜末6克，香菜段少许

做法

❶猪排骨洗净，砍成小块，下入开水中汆烫去血水后捞出，另放入加盐、姜末的水中煮熟；大米淘净，浸泡半小时；花生米洗净。❷将排骨连汤倒入锅中，旺火烧开，下入大米、花生同煮成粥。❸最后放入盐、味精调味，撒入香菜即可。

▌花生银耳粥

材料 银耳20克，花生米30克，大米80克

调料 白糖3克

做法

❶大米泡发洗净；银耳泡发洗净切碎；花生米泡发，洗干净备用。❷锅置火上，注入适量清水，放入大米、花生米煮至米粒开花。❸最后放入银耳，煮至浓稠，再调入白糖拌匀即可。

红枣粥

◆**营养成分**：富含蛋白质、脂肪、糖类、胡萝卜素、B族维生素、维生素C、维生素P以及磷、钙、铁等成分。

◆**食疗功效**：红枣具有补虚益气、养血安神、健脾和胃等功效，是脾胃虚弱、气血不足、倦怠无力、失眠等患者良好的保健营养品。

如何选购红枣

用手捏红枣，松开时枣能复原，手感坚实，则质量为佳。如果红枣湿软皮黏，表面返潮，极易变形，则为次品。湿度大的干枣极易生虫、霉变，不能久存。

如何储存红枣

◎保存红枣的关键是要注意防风、防潮、避免高温。

（1）在无风的时候将红枣曝晒四五天，晒的时候要用席子遮住，然后把凉透的红枣放到缸中，加上木盖或者拌草木灰，这样可以防止其发黑。

（2）炒30~40克盐，将其研成粉末，均匀地撒到500克晒好的红枣上（分层撒），最后封上罐口。

红枣豌豆肉丝粥

材料 红枣10克，猪肉30克，大米80克，豌豆适量

调料 盐、淀粉、味精各适量

做法

① 红枣、豌豆洗净；猪肉洗净切丝，用盐、淀粉稍腌，入油锅滑熟后捞出；大米淘净泡好。② 大米入锅，放适量清水，大火煮沸，改中火，下入红枣、豌豆煮至粥将成。③ 下入猪肉，小火将粥熬好，加盐、味精调味即可。

红枣当归乌鸡粥

材料 大米120克，乌鸡肉50克，当归10克，青菜20克，红枣30克

调料 料酒5克，生抽4克，盐适量

做法 ①大米淘净泡好；乌鸡肉洗净剁成块，加入料酒、生抽、盐腌渍片刻；青菜洗净切碎；当归、红枣洗净。②锅中加适量清水，下入大米大火煮沸，下入乌鸡肉、当归、红枣，转中火熬煮至将成。③再下入青菜熬煮成粥，下入盐调味即可。

甲鱼红枣粥

材料 大米100克，甲鱼肉30克，红枣10克

调料 盐、鲜汤、料酒、葱花、姜末各适量

做法 ①大米淘洗干净；甲鱼肉治净，剁小块；红枣洗净去核。②油锅烧热，入甲鱼肉翻炒，烹入料酒，加盐炒熟后盛出。③锅置火上，注入清水，兑入鲜汤，放入大米煮至五成熟。放入甲鱼肉、红枣、姜末煮至米粒开花，加盐调匀，撒上葱花即可。

红枣桂圆粥

材料 大米100克，桂圆肉、红枣各20克

调料 红糖10克，葱花少许

做法 ①大米淘洗干净，放入清水中浸泡；桂圆肉、红枣洗净备用。②锅置火上，注入清水，放入大米，煮至粥将成。③放入桂圆肉、红枣煨煮至酥烂，加红糖调匀，撒葱花即可。

重点提示 桂圆不易保存，建议现买现食。

芹菜红枣粥

材料 芹菜、红枣各20克，大米100克

调料 盐3克，味精1克

做法 ①芹菜洗净，取梗切成小段；红枣去核洗净；大米泡发洗净。②锅置火上，注水后，放入大米、红枣，用旺火煮至米粒开花。③放入芹菜梗，改用小火煮至粥浓稠时，加入盐、味精入味即可。

燕麦粥

燕麦

◆**营养成分：** 富含蛋
白质、B族维生素、维
生素以及钙、磷、铁
等矿物质。

◆**食疗功效：** 燕麦具有健脾益气、补虚止汗、养胃、

润肠通便、利水、预防动脉硬化和心脑血管疾病、
降低胆固醇、缓解压力、增强体力、延年益寿、减
肥、改善血液循环、预防骨质疏松、促进伤口愈合、
预防贫血、补钙之功效。

如何选购燕麦

　　购买燕麦应选干净、颗粒饱满、不含杂质、
无异味的整颗燕麦粒。

牛腩苦瓜燕麦粥

材料 牛腩80克，苦瓜30克，燕麦片30克，大米
100克

调料 盐、料酒、葱花、姜末、生抽各适量

做法

① 苦瓜洗净去瓤，切成薄片；燕麦片洗净；牛腩

洗净切片，用料酒、生抽腌渍；大米淘净，泡半小
时。② 大米入锅，加水，大火煮沸，下入牛腩、苦
瓜、燕麦片、姜末，转中火熬煮至米粒软散。③ 改
小火，待粥熬至浓稠，加盐调味，撒入葱花即可。

专家点评💠 降低血糖

第 7 部分

筋道面条

面条是北方人的传统饮食，菜面谐调，制作简单，历史悠久，品种有凉拌面、炸酱面、热干面、烩面、拉面等。方便易做的面条不仅能够满足口腹之欲，也是一种视觉的享受，让你足不出户就能了解各地的饮食文化。

制作面条的小窍门

面条由于制作简单，营养丰富，因此成为人们喜爱的主食之一。但有时候大多数人煮出来的面条并不好吃，究竟要注意哪些方法呢？下面就介绍多种煮面条的小窍门，相信一定可以让你煮出美味可口的面条。

巧煮面条

煮面时，若在水里面加一点油，由于油漂浮在水面上，就好像给水加了一层盖子，水里的热气散不出去，水开得就快了。

面条煮好以后漂在水面上的油就会挂在面条上，面条就不会粘连了，还能防止面汤起泡沫溢到锅外。煮挂面时，不要等水沸后才下面。当锅底有小气泡往上冒时就下面，搅动几下，盖锅煮沸，适量加冷水，再盖锅煮沸就熟了。这样煮面，面柔而汤清。

面条走碱的补救

市场上买来的生面条，如果遇上天气潮湿或闷热，极易走碱。走碱的面条煮熟后会有一股酸馊味，很难吃。我们如果发现面条已经走碱，烹煮的时候，在锅中放入少许食用碱，那么，煮熟后的面条就和未走碱时一样了。

如何制作烫酵面

烫酵面，就是在拌面时掺入沸水，先将面粉烫熟，拌成"雪花形"，随后再放入老酵，揉成面团，让其发酵（一般发至五六成左右）。烫酵面组织紧密，性糯软，但色泽较差，制成的点心、皮子劲足有韧性，能包牢卤汁，宜制作生煎馒头或油包等。

素配菜面条

香菇竹笋清汤面

材料 面条 250 克，香菇、竹笋、瘦肉各 30 克

调料 鲜汤 40 克，红油 5 克，蒜末、姜、葱、香菜各少许

做法

1 竹笋、香菇、瘦肉切成丝；姜、葱分别切末；姜末、葱末、蒜末、红油调和成味料。2 锅置火上，下入竹笋、香菇、瘦肉炒香，加鲜汤煮熟。3 锅置火上烧开，下入面条煮熟，捞出盛入碗中，将香菇、竹笋、瘦肉及调好的味料拌匀即可。

辣汤浆水面

材料 手工面条 150 克，荠菜 50 克

调料 盐 3 克，面汤、辣椒酱各适量

做法

1 先将荠菜洗净后，放入开水中焯水，再将荠菜倒在面汤内自然发酵 7 天，取出切丁。2 锅内放水烧开，将面放入锅中焯熟，取出沥干水分，倒入碗内。3 锅内放油烧热，放入辣椒酱，再加入荠菜丁炒匀，调入盐，注入汤煮熟，倒在面上即可。

青蔬油豆腐汤面

材料 全麦拉面 88 克，小三角油豆腐 70 克，豌豆苗 70 克，鲜香菇 20 克，胡萝卜 10 克

调料 盐适量，味精少许

做法

① 胡萝卜洗净，去皮，切小块；豌豆苗、鲜香菇、油豆腐等洗净。② 将油豆腐、鲜香菇放入水中，开大火熬煮成汤头，待水滚后放入全麦拉面。③ 待面条煮熟后加入胡萝卜、豌豆苗煮至熟，再加入盐、味精调味即可。

酸汤面

材料 紫菜 15 克，火腿肠 1 根，萝卜干 3 根，面条 200 克

调料 盐 2 克，香油 8 克，味精 1 克，醋 3 克，葱 1 根，香菜 2 根，面汤 150 克

做法

① 火腿肠切长条；紫菜泡在水中洗净；葱洗净切花；香菜洗净切末；萝卜干切末。② 锅中下面煮熟捞出。面汤烧热，放入紫菜、火腿肠、萝卜干末。③ 将盐、醋、味精放入锅内拌匀，放入面条，淋上香油，起锅即可。

鲜笋面

材料 魔芋面条 200 克，茭白 100 克，玉米笋 100 克，花菜 30 克，白芝麻 5 克

调料 盐 2 克，鲍鱼风味酱油 5 克

做法

① 茭白洗净切片，玉米笋洗净切对半，花菜洗净，所有材料焯烫熟。② 魔芋面条放入开水中焯烫去味，捞出放入面碗内，加入茭白、玉米笋、花菜及剩余用料。③ 高汤加热煮沸，倒入面碗中即可食用。

小窍门 西红柿去皮技巧

番茄的营养丰富，既可生吃也能熟食，但是去皮难。若先用热水淋浇，再用冷水淋浇，则能轻易去皮。这种方法被戏称为：先洗"热水浴"，再冲"凉水澡"。

▌西红柿秋葵面

材料 面条90克，西红柿、秋葵各100克，火腿60克

调料 盐2克，香油2克，胡椒粉1克，高汤300克

做法

① 西红柿去蒂头洗净切片；秋葵去蒂头洗净切开；

火腿肉切丝。② 面条煮熟后放在碗中，加入盐、胡椒粉。③ 高汤放入锅中加热，加入西红柿、秋葵煮熟，倒入面碗中，搭配火腿丝，淋上香油。

▌蔬菜面

材料 蔬菜面80克，胡萝卜40克，猪后腿肉35克，蛋1个

调料 盐、高汤各适量

做法

① 将猪后腿肉洗净，加盐稍腌，再入开水中烫熟，切片备用。② 胡萝卜洗净削皮切丝，与蔬菜面一起放入高汤中煮开，再将鸡蛋打入，调入盐后放入切片后腿肉即可。

香菇西红柿面

材料 香菇、西红柿各 30 克，切面 100 克

调料 盐少许

做法 ❶ 将香菇洗净，切成小丁，放入清水中浸泡 5 分钟。❷ 将西红柿洗净，切成小块。❸ 将香菇、西红柿和切面一起煮熟，加盐调味即可。

什锦菠菜面

材料 菠菜面 80 克，虾仁 40 克，旗鱼 40 克，鸡肉 40 克，青菜 30 克，胡萝卜 10 克

调料 盐 1 克，酱油 2 克，奶油 4 克

做法 ❶ 胡萝卜去皮切丝；青菜洗净，切小段。❷ 鸡肉、旗鱼洗净，切薄片状；虾仁洗净沥干备用。❸ 锅内加水煮滚，放入面条煮熟，再加入所有食材煮滚即可。。

西红柿蛋面

材料 拉面 250 克，西红柿 40 克，鸡蛋 1 个

调料 盐 3 克，味精 2 克，香菜、葱各少许，牛骨汤 200 克

做法 ❶ 香菜、葱均洗净切末；西红柿洗净切丁；鸡蛋打入碗中，加少许盐、味精搅拌匀。❷ 炒锅置火上，将鸡蛋下锅滑炒，再倒入西红柿，加入盐、味精一起炒至熟。❸ 拉面入锅煮熟，装入盛有牛骨汤的碗中，将炒好的西红柿、鸡蛋、香菜、葱加入拉面中即可。

韩式冷面

材料 冷面 200 克，鸡蛋 1 个，梨 1 个，黄瓜半个，西红柿两片，熟牛肉 1 片，白萝卜 20 克

调料 盐 3 克，味精 2 克，香油 5 克

做法 ❶ 梨洗净切成小薄片；黄瓜切条；白萝卜切小片；鸡蛋煮熟取半个备用。❷ 锅中注入适量水烧开，放入面煮熟，捞出用冷水冲凉，装入碗中，放上备好的材料。❸ 调入盐、味精、香油拌匀即可食用。

小知识 面粉去汤咸味

把面粉装在小布袋里（或者装上米饭），把袋子扎紧后放在汤里煮一会儿，能吸收多余盐分，使汤变淡。

▌山野菜拉面

材料 拉面 150 克，包菜片、豆芽、木耳、玉米各 20 克，金针菇 10 克，胡萝卜 30 克，冬菇 1 个

调料 盐、调味油、面汤、咖喱粉、葱各适量

做法

❶ 胡萝卜洗净切条；木耳泡发，洗净切丝；葱洗净切花；玉米、金针菇、豆芽、冬菇均洗净。❷ 面煮熟，沥干，装入碗内。❸ 锅中放入面汤，加入豆芽、包菜、木耳、玉米、金针菇、胡萝卜、冬菇煮熟，调入盐、咖喱粉、淋调味油，倒在面碗内，撒上葱花即可。

三色凉面

材料 小黄瓜1条，豆芽菜150克，油面250克，鸡蛋1个，火腿3片，青椒1个

调料 盐2克，酱油、乌醋各10克，蒜泥1克，糖4克，麻油3克，高汤500克，芝麻酱5克

做法

① 鸡蛋打散，煎成2片蛋皮；青椒、豆芽菜洗净焯水；小黄瓜、蛋皮、火腿、青椒切丝。

② 芝麻酱加高汤调匀，再加剩余调料拌匀成酱料。

③ 盘中放面，摆饰火腿、小黄瓜、蛋皮、青椒、豆芽，淋上酱料即可。

凉拌面

材料 切面100克，黄瓜1根，胡萝卜1根

调料 花生酱15克，红油20克，生抽10克，指天椒2个，香菜5克

做法

① 将黄瓜、胡萝卜、指天椒洗净，均切成丝；香菜切段。

② 锅中注水烧开，放入面煮熟，捞出沥水，调入花生酱、红油、生抽后拌匀。

③ 将切好的材料盖在面条上即可。

芥末凉面

材料 黄瓜半条，面条150克，芥末油适量

调料 醋、香油、麻酱、红椒各适量

做法

① 黄瓜、红椒均洗净，均切成细丝后备用。

② 锅内放水烧开，将面条焯熟后冲凉，沥干水分后装盘。

③ 锅中放油烧热，将黄瓜、红椒略炒后起锅，摆入面盘中。

④ 将芥末油、麻酱、醋调入盘中，淋上香油即可。

武汉热干面

材料 碱水面300克，萝卜干10克

调料 盐、味精、芝麻酱、香油、生抽各5克，葱3根，蒜3瓣

做法 ①葱、萝卜干、蒜均切末。②锅中烧水，水开后放入碱水面，煮至断生捞出。③面中加入盐、味精、芝麻酱、香油、生抽、蒜、萝卜干、葱花拌匀即可。

西安拌面

材料 肉酱100克，胡萝卜1个，酱干丁30克，土豆1个，西红柿1个

调料 盐、味精、胡椒粉、酱油、香菜、葱各适量

做法 ①葱洗净切花；胡萝卜、土豆均洗净切丁；西红柿洗净切丁；香菜切段。②将面煮熟，捞出，装入碗中；油锅烧热，放入肉酱、胡萝卜丁、酱干、土豆、西红柿炒熟。③调入盐、胡椒粉、酱油、味精，炒匀入味，倒在面上，撒上香菜、葱花即可。

酱拌面

材料 西红柿2个，黄瓜1根，面条、炸酱各100克

调料 盐3克，味精1克，生抽15克，葱1根，香菜2根

做法 ①西红柿切片；黄瓜切丝；葱切花；香菜留叶备用。②将面煮熟，盛入碗中，黄瓜焯水。③再将锅中放油，将炸酱炒熟，调入盐、味精、生抽。④将炸酱放在面上，撒上葱花、香菜，放入黄瓜、西红柿，拌匀即可食用。

油泼扯面

材料 面条、青菜各100克

调料 盐3克，鸡精2克，香油5克，芝麻4克，葱花5克，辣椒粉3克，蒜末3克

做法 ①青菜洗净，放入开水里焯一下捞出。②另起锅上火，注入清水烧开，入面煮熟，捞出放入碗内。③油锅烧热，爆香葱花、蒜末，加入芝麻略炒。将焯过的青菜摆在面条上，调入盐、鸡精、辣椒粉、爆香的葱花、蒜末、芝麻拌匀，淋上香油即可。

姜葱捞鸡蛋面

材料 鸡蛋面 100 克，生菜 150 克，姜 30 克，葱 40 克

调料 盐 4 克，香油 10 克，胡椒粉 2 克

做法

1 姜去皮切末；葱洗净切花；生菜洗净，入沸水中焯烫，捞出切丝。2 锅中水烧开，放入鸡蛋面，用筷子搅散煮熟，用漏勺捞出，放入冷水中过凉，装入盘中。3 葱花、姜末浇上盐、烧热的油拌匀，制成葱姜汁，淋在鸡蛋面上，摆上生菜丝即可。

三色冷面

材料 梅子面条、抹茶面条、鸡蛋面条各 30 克，土豆 100 克

调料 芝麻酱、白醋、糖、酱油、米酒各适量

做法

1 取适量高汤与芝麻酱、白醋、糖、酱油、米酒拌成拌面酱料。2 三种面条依序放入开水中分次煮熟，捞起浸泡在冰水中冰镇，约 1 分钟后沥干水分，放置在盘中。3 土豆去皮，切细条状，煮熟后摆在盘子中间，食用时将材料蘸取拌面酱料即可。

凉面

材料 油面 250 克，豆芽菜 150 克，小黄瓜 1 条，胡萝卜 20 克

调料 芝麻酱 3 克，酱油 5 克，糖 1 克，乌醋 20 克，香油 5 克，盐 3 克，高汤 200 克

做法

① 油面焯烫，待凉；小黄瓜、胡萝卜切丝，加盐略腌；豆芽菜去头、尾后焯烫。

② 芝麻酱先以高汤调开，再拌入其他调料成酱汁。

③ 油面上放小黄瓜丝、胡萝卜丝、豆芽菜，再淋上调好的酱汁即可。

姜葱捞面

材料 面条 50 克，生菜少许

调料 盐、糖、麻油、味精、葱、姜各适量

做法

① 先将葱、姜洗净，葱切成粒，姜剁成蓉备用。

② 锅置火上，放水烧热，加入糖、盐、味精、麻油调匀。

③ 再放入面条焯熟，上碟。

④ 面上撒上姜、葱及焯熟的生菜即可。

西芹炒蛋面

材料 蛋面 200 克，西芹 50 克，三明治 1 块，鸡蛋 1 个

调料 盐 5 克，鸡精 2 克，蚝油 10 克，老抽 5 克

做法

① 将西芹洗净切丝；三明治切丝；鸡蛋打散入锅中煎熟后，切成丝。

② 蛋面泡发后，入烧热的锅中炒开。

③ 将三丝和盐、鸡精、蚝油、老抽加入蛋面中炒至有香味即可。

素什锦炒手擀面

材料 面条 150 克，白菜 15 克，洋葱 1 个，西红柿 1 个，鸡蛋 1 个

调料 酱油 10 克，盐 3 克，味精 1 克

做法

① 白菜洗净；洋葱、西红柿均洗净切块；鸡蛋打散搅匀；锅中水烧开将面煮熟，捞出过凉水。

② 锅中油烧热，放入蛋液炸香，加入白菜、洋葱、西红柿爆炒，调入盐、味精炒匀。

③ 锅中加入煮熟的面，调入酱油炒匀即可装盘食用。

蛋炒面

材料 面条 200 克，鸡蛋、西红柿、洋葱、蒜薹各适量

调料 盐 2 克，味精 1 克，香油 3 克，红辣椒 1 个

做法

① 红辣椒、洋葱洗净切丝；蒜薹洗净切条；西红柿洗净切片。

② 鸡蛋打入碗内，放入少许盐、味精搅拌均匀，倒入烧热油的锅中煎炒，至熟盛出。

③ 将面在烧开水的锅内焯熟捞出，沥干水分。另锅上火，注入适量油，烧热，放入面、蒜薹、红辣椒、洋葱、盐、味精稍炒，淋入香油后装盘即可。

西红柿意大利青蔬面

材料 西红柿、节瓜、茄子、意大利面各 110 克

调料 盐 5 克，黑胡椒粉 3 克，白酒 10 克

做法

① 西红柿洗净切丁。

② 节瓜、茄子洗净去蒂头，切小丁。

③ 意大利面放入滚水中煮约 6 分钟，捞起备用。

④ 油锅烧热，放入西红柿、节瓜和茄子翻炒，倒入高汤和意大利面煮至略收汁，加入白酒、盐、黑胡椒粉拌匀即可食用。

肉配菜面条

打卤面

材料 面条 200 克，茄子 100 克，瘦肉 20 克

调料 盐 5 克，味精 2 克，香油 20 克

做法

① 茄子洗净切丁；瘦肉切末。② 面条入锅中煮熟，捞出焯凉水后，放入碗中。③ 锅中油烧热，放入肉末炒香，加入茄丁炒熟，放入盐、味精炒匀，盛出放在面上即可。

酸菜肉丝面

材料 碱水面 100 克，瘦肉 50 克，酸菜 30 克，包菜 15 克，上汤 250 克，鸡蛋清 30 克

调料 鸡精 5 克，盐 2 克，淀粉 3 克，姜 10 克，葱 20 克

做法

① 瘦肉洗净切细丝，加入淀粉、鸡蛋清、盐调匀；酸菜切丝；姜洗净切丝；葱洗净切花；包菜洗净。② 油烧热，放入姜、葱、包菜、酸菜丝炒香，加入上汤，放入肉丝、鸡精制成汤料后盛出。③ 将面条放入锅中煮熟，捞出盛入碗中，淋上汤料即可。

榨菜肉丝面

材料 拉面 250 克，瘦肉 40 克，榨菜 30 克

调料 盐 2 克，味精 1 克，香菜、葱、姜各少许，牛骨汤 200 克

做法

① 香菜、葱、姜均洗净切末；瘦肉、榨菜均洗净切丝。

② 炒锅置火上，将肉丝下锅滑炒，调入盐、味精，再倒入榨菜炒至熟。③ 右手提起拉面，下入开水锅中煮至浮起，用筷子捞出，装入盛有牛骨汤的碗中，再将炒好的榨菜肉丝和香菜、葱、姜加入拉面中即可。

粉蒸排骨面

材料 碱水面 100 克，排骨 100 克，米粉 5 克，葱 20 克，上汤 250 毫升

调料 盐 3 克，糖 2 克，料酒 1 毫升，酱油 3 毫升，豆瓣酱 10 克，红油 10 毫升，醪糟 3 克，豆腐乳 5 克

做法

① 排骨洗净剁成小块；葱切细。② 将剁好的排骨加入米粉、豆瓣酱、醪糟、料酒、糖拌匀，上蒸笼蒸熟。面条煮好后，加入盐、酱油、红油上汤、豆腐乳拌匀。③ 将蒸熟的排骨盖于面上，撒上葱花即可。

小知识 **煮排骨放醋有利吸收**

煮排骨时放点醋，可使排骨中的钙、磷、铁等矿物质溶解出来，利于吸收，营养价值更高。此外，醋还可以防止食物中的维生素被破坏。

担担面

材料 碱水面 120 克，猪肉 100 克

调料 姜、葱、辣椒油、料酒各 10 克，盐 2 克，味精 3 克，甜面酱、花椒粉各适量，上汤 250 克

做法

① 将猪肉洗净剁成蓉；姜切成末；葱切成花。② 锅置火上，下油烧热，放入碎肉炒熟，再加除上汤、葱花外的全部用料炒至干香，盛碗备用。③ 将面煮熟，盛入放有上汤的碗内，加入炒好的猪肉，撒上葱花即可。

排骨汤面

材料 面条 200 克，排骨 100 克，香菜 10 克

调料 盐 3 克，鸡精 1 克，酱油少许，香油 5 克，八角 3 克

做法

① 排骨洗净切段；香菜洗净切段。② 锅置火上，注适量水，待水沸下入面条，煮至熟后捞出沥干水分，装入碗内。③ 净锅上火，注适量清水，水开后放入排骨，调入盐、鸡精、酱油、八角煮约 10 分钟至熟，捞出摆在面上，撒上香菜即可。

红烧排骨面

材料 碱水面 120 克，排骨 100 克

调料 盐 3 克，味精 2 克，糖 1 克，红油 10 克，葱花 15 克，姜丝 5 克，蒜片 10 克，花椒、豆瓣酱、香料各适量，原汤 200 克

做法

① 排骨洗净，斩成小段，汆水后捞出。

② 油锅烧热，爆香姜丝、蒜片，加入汆烫过的排骨，调入其余材料炒香至熟后盛出。

③ 将面条煮熟捞出装入碗中，放上炒香的排骨料，撒上葱花即可。

排骨面

材料 面条 200 克，大排骨 5 片，青菜 250 克，红薯粉 100 克

调料 盐 1 克，胡椒粉少许，酱油 2 克，酒 5 克，葱 2 根

做法

① 排骨洗净、去筋，两面拍松，用酱油、酒、盐、胡椒粉腌约 15 分钟后沾裹红薯粉。

② 油烧热，将排骨以中火炸至表面金黄后捞出。

③ 面煮熟，青菜亦烫熟捞出，置于碗内。

④ 面碗内加入葱花、高汤，再加上排骨即可。

雪里蕻肉丝面

材料 雪里蕻、面条各 200 克，肉 50 克，榨菜丝 20 克

调料 盐、生抽、胡椒粉、干椒、葱花各适量

做法

① 雪里蕻洗净剁成末；干椒洗净切段；肉洗净切丝。

② 将面稍过水煮熟后捞出，冲凉，装入碗内。

③ 锅中烧油，放入雪里蕻、干椒、肉丝、榨菜炒熟，注入面汤煮沸。

④ 面汤中调入盐、生抽、胡椒粉拌匀，倒在面上，撒上葱花即可。

真味荞麦面

材料　荞麦面 150 克，熟牛肉 30 克，黄豆芽 20 克，青菜 30 克，圣女果 20 克

调料　盐 3 克，味精 2 克

做法

① 熟牛肉切片；黄豆芽洗净；青菜洗净；圣女果洗净对切开。② 锅中加水烧开，下入黄豆芽、青菜稍焯后捞出。③ 荞麦面入沸水中煮熟，捞出装入碗中，加入盐、味精及黄豆芽、青菜，摆上牛肉片、圣女果即可。

香菇烧肉面

材料　碱水面、五花肉各 200 克，干香菇 50 克，包菜适量，鲜汤 200 克

调料　盐、白糖、鸡精、胡椒粉、葱、姜各适量

做法

① 五花肉洗净切小块，入沸水中焯烫；香菇浸水泡发切丁；姜洗净切丝；葱洗净切花。② 油锅烧热，入白糖炒至浅红色，倒入五花肉炒上色，加鲜汤和香菇、姜丝、包菜及其余用料烧熟。③ 面入锅中煮熟，盛入碗中，五花肉带汁浇在面上，撒上葱花即可。

叉烧韭黄蛋面

材料 叉烧 150 克，韭黄 50 克，蛋面 150 克

调料 盐 4 克，味精 2 克，上汤 400 克

做法 ① 叉烧切片；韭黄洗净切段；上汤煮开，调入盐、味精，撒上韭黄，盛在碗中。② 锅置火上，入水烧开，放入蛋面，用筷子搅散。③ 将蛋面煮熟，用漏勺捞出，沥干水分后放入盛有上汤的碗中，摆上叉烧即可。

川味肥肠面

材料 碱水面、肥肠各 200 克

调料 酱油、盐、豆瓣酱、味精、姜末、红油辣椒、葱花、鲜汤各适量

做法 ① 肥肠洗净汆水，切成滚刀块。② 油锅烧热，下肥肠加豆瓣酱、姜末、红油辣椒、酱油、盐、味精炒香，肥肠吐油起泡后加鲜汤烧开备用。③ 面下锅煮熟，盛入碗中，浇上做好的肥肠料，再撒上葱花即可。

臊子面

材料 面条 200 克，猪肉 100 克，萝卜 50 克，青菜 80 克

调料 盐 2 克，香油 5 克，香菜 10 克

做法 ① 萝卜洗净切片；猪肉洗净切丁；香菜洗净切段；青菜洗净备用。② 锅上火，注适量水，水开后下入面条，煮熟后起锅盛入碗内。③ 将肉丁入热锅，炒至三成熟，加入姜沫，去腥翻炒，调入盐、陈醋、香油等调味品，当九成熟，快出锅时加入适量红辣椒粉，搅拌，微炖一会，倒入面碗里，放入香菜即可。

肉羹面线

材料 鸡丝面 1 包，猪里脊肉 50 克，豌豆苗少许

调料 酱油 5 克，蒜泥 4 克，葱头末、五香粉、淀粉各少许，高汤 200 克

做法 ① 里脊肉切小薄片，用酱油、蒜泥、五香粉腌渍约 30 分钟。

② 取出肉片沾裹淀粉，鸡丝面剪段。

③ 将高汤煮滚，放入肉片煮至熟软，加入鸡丝面、豌豆苗与葱头末煮熟即可。

真味臊子拉面

材料 拉面 500 克，瘦肉、胡萝卜、土豆、香干丁、干木耳、菜心、豆角、火腿各适量

调料 红油 15 克，盐、味精各 3 克，牛骨汤适量

做法

① 瘦肉洗净切丁；胡萝卜、土豆均去皮洗净切丁；木耳泡发；菜心、长豆角洗净焯水；火腿切片。

② 油烧热，上述备好的材料炒香，调盐、味精炒成臊子。

③ 面入开水锅中煮熟，捞出放入碗中，倒入烧开的牛骨汤，放上臊子、菜心、长豆角，淋上红油。

真味招牌拉面

材料 拉面 100 克，熟牛肉、萝卜、圣女果各适量

调料 盐 2 克，味精 3 克，红油 20 克，香菜 5 克，牛骨汤 500 克，蒜苗 10 克

做法

① 熟牛肉切丁；萝卜洗净切片；蒜苗、香菜均洗净切末；圣女果洗净对剖开。

② 锅中加水烧开，放入萝卜片焯熟后捞出；牛骨汤煮开。

③ 拉面入沸水中煮熟捞出，倒入牛骨汤，调入盐、味精，放上备好的材料，淋上红油即可。

红烧肉拉面

材料 面粉 150 克，猪肉 100 克，生菜 10 克

调料 盐 2 克，拉面剂 15 克，味精 3 克，白糖 3 克，食用油 10 克，香料少许，辣椒丝 5 克

做法

① 面粉加盐及拉面剂揉成面团，用手揉成条状，制成拉面；生菜焯水。

② 猪肉洗净切成丁状，下油锅和调味料一起烧好成红烧肉。

③ 拉面加水于锅中煮 5 分钟，加入红烧肉、生菜即成。

香葱腊肉面

材料 面条150克,腊肉40克,豆芽、包菜各20克,木耳丝25克,卤蛋半个

调料 盐、生抽、香葱、咖喱粉、辣椒油各适量

做法 ①包菜洗净切块；腊肉洗净剁末；葱洗净切花。②锅中放油烧热,放入腊肉,加入辣椒油、盐、生抽一起爆炒,至熟盛出。③锅中加水烧开,放入面煮熟,加入焯烫过的豆芽、包菜、木耳,调入咖喱粉拌匀后,放入腊肉、卤蛋,撒上葱花即可。

火腿丸子面

材料 面条100克,火腿条15克,肉丸子5个,包菜20克,卤蛋半个,金针菇50克

调料 盐水、葱、中华调味粉、白汤各适量

做法 ①包菜洗净切块；葱洗净切花；金针菇洗净备用。②锅中放油烧热,放入肉丸子炸至金黄色；面入沸水中煮熟,盛入碗中,盖上火腿、卤蛋、包菜、金针菇、肉丸。③白汤烧沸,调入调味粉、盐水,搅匀倒入面碗内,撒上葱花即可。

卤肉面

材料 面条、五花肉各100克,包菜片20克,豆芽25克,玉米30克,卤蛋半个

调料 调味油、白汤、中华调味粉、料酒、盐、葱、酱油、八角、葱花各适量

做法 ①锅中放水烧开,放五花肉,调入盐、酱油、八角、料酒卤入味后取出；把面煮熟。②锅中白汤烧开,调入油、调味粉搅匀,倒在面碗中,加入面,铺上包菜、豆芽、玉米、卤蛋和五花肉即可。

家常炸酱面

材料 碱水面200克,瘦肉200克

调料 盐3克,酱油少许,味精2克,葱适量,白糖4克,甜面酱20克,红油10克

做法 ①将瘦肉剁碎,葱切成花。②将碎肉加甜面酱炒香至金黄色,盛碗备用；将除面、葱花外的其他调料也一并倒入碗中,拌匀成炸酱。③面下锅煮熟,盛入碗中,淋上炸酱,撒上葱花即可。

鱼香肉丝面

材料 面条 150 克，木耳丝、肉各 50 克

调料 盐 2 克，醋少许，酱油 3 克，水淀粉适量，泡椒末 20 克，葱 1 根，姜 1 块，蒜末 8 克，豆瓣酱 10 克，鲜汤 100 克

做法

❶肉洗净切丝；葱洗净切段；姜洗净切末。❷将面条煮熟，装盘。❸锅中加油烧热，将肉丝炒熟，放入姜、蒜、泡椒、豆瓣酱，将肉丝炒上色，再加入木耳丝、葱段炒匀，注入鲜汤，调入盐、醋、酱油，用水淀粉勾芡，浇于面条上即可。

泡菜肉丝面

材料 面条 150 克，肉 100 克，泡包菜 50 克，酸豆角 50 克，白菜 3 根，泡椒 50 克

调料 盐 1 克，生抽少许

做法

❶泡包菜、酸豆角、泡椒切成末；肉洗净切丝；白菜洗净备用。❷将面煮熟捞出装入碗中。❸锅内放少许油，下入泡包菜、酸豆角、泡椒、肉丝炒熟，加盐、生抽炒匀。❹倒在面上，再将焯好水的白菜铺上，拌匀即可。

肉丝黄瓜拌面

材料 瘦肉200克，黄瓜100克，荞麦面150克

调料 盐3克，味精2克，香麻油5克，红椒1个

做法

① 黄瓜洗净切成丝；瘦肉洗净切丝，入沸水中汆熟；红椒洗净切丝。

② 锅中加水烧开，下荞麦面烫软后捞出。

③ 将荞麦面、瘦肉丝、黄瓜丝、红椒丝和盐、味精、香麻油一起拌匀即可。

肉片炒素面

材料 瘦肉100克，菠菜素面200克

调料 盐3克，葱5克

做法

① 将瘦肉洗净切片；葱洗净切成圈。

② 菠菜素面放入开水中泡发后，捞出沥水。

③ 锅中加油烧热，下入肉片稍炒，再加入素面炒熟，调入盐，撒上葱花即可。

肉丝炒面

材料 面条200克，猪肉100克，洋葱1个，西红柿1个

调料 盐3克，酱油2克，味精、红辣椒、葱段各适量

做法

① 猪肉、红辣椒、洋葱洗净切丝；西红柿洗净切片。

② 肉丝、红辣椒丝、洋葱丝、葱段、西红柿片放入烧开的水里焯烫。

③ 面条放入烧开的水里煮熟，捞出沥干水分。把上述所有材料放入锅中翻炒。

④ 调入盐、味精，淋入酱油炒拌均匀即可食用。

猪肝

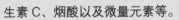

◆ **营养成分：**含蛋白质、脂肪、维生素 A、维生素 B₁、维生素 B₂、维生素 B₁₂、维生素 C、烟酸以及微量元素等。

◆ **食疗功效：**常食猪肝可预防眼睛干涩、疲劳，可调节和改善贫血病人造血系统的生理功能，还能帮助去除机体中的一些有毒成分。猪肝中含有一般肉类食品中缺乏的维生素 C 和微量元素硒，能增强人体的免疫力、抗氧化、防衰老，并能抑制肿瘤细胞的产生。

如何挑选猪肝

（1）看外表：颜色紫红均匀，表面有光泽的是正常的猪肝。

（2）用手触摸：感觉有弹性，无水肿、脓肿、硬块的是正常的猪肝。

另外，有些猪肝的表面有菜子大小的白点，这是由于一些致病的物质侵袭肌体后，肌体自我保护的一种现象。割掉白点仍然可以食用。但若白点太多，就不要购买了。

巧去猪肝异味

◎猪肝常有一种特殊的异味，烹制前，先用水将肝血洗净，然后剥去薄皮放入盘中，再加适量牛奶浸泡，异味即可消除。

西红柿猪肝菠菜面

材料 鸡蛋面 120 克，西红柿 1 个，菠菜 25 克，猪肝 60 克

调料 盐 5 克，胡椒粉 3 克

做法

❶ 猪肝洗净切成小片；菠菜洗净；西红柿洗净切成小片。❷ 锅中加油烧热，下入猪肝、菠菜，炒熟盛出。❸ 锅中加水烧开，下入面条，待面条熟后，再下入炒好的猪肝、菠菜，放入西红柿调味即可。

卤猪肝龙须面

材料 卤猪肝 200 克，龙须面 100 克

调料 盐 4 克，鸡精 5 克，香油 8 克，胡椒粉 2 克，上汤 400 克，花椒八角油少许，葱 20 克

做法

❶ 葱择洗净切花；上汤煮开，调入盐、鸡精、胡椒粉、花椒八角油，盛入碗中。❷ 锅中注水烧开，放入龙须面，盖上锅盖煮开，用筷子将面条搅散，熟后捞出沥干水分，放入盛有上汤的碗中。❸ 撒上葱花，摆上卤猪肝，淋上香油即可。

牛肉

◆**营养成分：**含蛋白质、脂肪、维生素B₁、维生素B₂、钙、磷、铁等，还含有多种特殊的成分，如肌醇、黄嘌呤、牛磺酸等。

◆**食疗功效：**牛肉补脾胃、益气血、强筋骨。对虚损羸瘦、消渴、脾弱不运、癖积、水肿、腰膝酸软、久病体虚、面色萎黄、头晕目眩等病症有食疗作用。多吃牛肉，对肌肉生长有好处。

牛肉质量的鉴别

从外表、颜色看，新鲜的牛肉外表干或有风干膜，不黏手，肌肉红色均匀，脂肪洁白或淡黄，有光泽；变质肉外表干燥或黏手，切面发黏，肉色暗淡且无光泽。煮成汤后，新鲜的牛肉汤透明清澄，脂肪聚于表面；变质肉有臭味，肉汤浑浊，有黄色或白色絮状物，脂肪极少浮于表面。

巧炒牛肉

◎炒牛肉片之前，先用啤酒将面粉调稀淋在牛肉片上，拌匀后腌30分钟。啤酒中的酶能使一些蛋白质分解，可增加牛肉的鲜嫩程度。

▌红烧牛肉面

材料 碱水面200克，牛肉200克

调料 盐3克，酱油5克，香料、豆瓣酱、香菜、鲜汤各适量，蒜20克，葱花、红油各10克

做法

1. 牛肉洗净切块；香菜洗净切段；蒜去皮切片。
2. 锅上火烧开水，牛肉汆烫，油烧热，爆香香料、豆瓣酱、蒜片，加牛肉炒香，调入鲜汤和剩余调料，下面条煮熟。
3. 面条捞出盛入碗中，调入烧好的牛肉的原汤，撒上香菜段和葱花即可。

▌牛肉清汤面

材料 牛肉200克，面条300克

调料 盐2克，葱5克，味精3克，卤水适量

做法

1. 将牛肉放入卤水中卤熟；葱切花。
2. 将卤熟后的牛肉块捞出，切成片。
3. 锅中加水烧开，下入面条煮沸，再放入盐、味精，装入碗中。
4. 盖上牛肉片，撒上葱花即可。

牛肉烩面

材料 牛肉片100克，海带丝50克，豆腐丝10克，面条150克，西红柿片15克，香菇4朵

调料 盐3克，味精1克，胡椒粉2克，葱花、香菜段各10克，牛肉汤250克

做法 ❶ 将面煮至七成熟捞出，冲凉，沥干水分。❷ 锅内注入牛肉汤，放入除面外的所有原材料，调入盐、味精、胡椒粉。❸ 最后将面条下入锅内，调味，放入葱、香菜即可。

菠菜牛肉面线

材料 菠菜1根，牛肉丝30克，面线30克

调料 大骨汤200克

做法 ❶ 菠菜洗净后切末；牛肉丝切小段；面线用剪刀剪成段状备用。❷ 将大骨汤放入锅中加热，再放入牛肉丝、菠菜一起煮熟。❸ 将面线放入滤网中，用水冲洗后放入锅中，等面线煮熟后即可。

九州牛肉面

材料 面条120克，牛腩块80克，包菜片、木耳丝、豆芽各30克，卤蛋半个

调料 盐、料酒、酱油、泡椒、指天椒各适量

做法 ❶ 豆芽洗净；锅中水烧开，放入牛腩、盐、酱油卤半小时，取出沥水。❷ 锅中放油烧热，放入牛腩、泡椒、指天椒、料酒炒匀。❸ 水烧开，加入面煮熟，捞出盛入碗内，注入面汤，将豆芽、木耳、包菜、姜焯烫后放在面上，再放上牛腩、卤蛋即可。

意大利肉酱面

材料 意大利面半包，牛肉末250克，猪肉2片，洋葱1个，西芹1/2根，洋菇半罐

调料 番茄酱、酱油、盐、蒜末、淀粉、糖、胡椒粉、辣椒粉、吉士粉各适量

做法 ❶ 猪肉、洋葱、西芹均洗净切末；洋菇切片；牛肉末加酱油、淀粉、少许水略腌。❷ 起油锅，炒香蒜末、肉片、洋葱、洋菇、西芹，再入牛肉炒散，加剩余用料（面除外）拌匀成面酱。❸ 水烧沸，加盐，入意大利面煮熟装盘，淋上面酱即可。

鸡肉

◆**营养成分：** 富含蛋
白质、脂肪、碳水化
合物、维生素 B_1、维
生素 B_2、烟酸、钙、
磷、铁以及钾、钠、氯、硫等。

◆**食疗功效：** 鸡肉具有温中益气、补精填髓、益五
脏、补虚损、健脾胃、强筋骨的功效。冬季多喝些
鸡汤可提高自身免疫力，流感患者多喝点鸡汤有助
于缓解感冒引起的鼻塞、咳嗽等症状。鸡皮中含有
大量胶原蛋白，能补充人体所缺少的水分，延缓皮
肤衰老。

巧识注水鸡肉

1.注水的鸡肉特别有弹性，用手一拍就会有"卟
卟"的声音。

2.扳起鸡的翅膀仔细查看，如果发现上边有红
针点或乌黑色，那就是注水的证明。

3.用手捏摸鸡腹和两翅骨下，若不觉得肥壮，
而是有滑动感，则多是用针筒注射了水。

4.用手指在鸡腔内膜和网状内膜里轻轻一抠，
网膜一破，若水流淌出来，则是注过水的鸡肉。

5.皮下注过水的鸡，高低不平，摸起来像是长
有肿块。

酱油去鸡肉腥味

◎将洗净的鸡肉放在酱油里浸泡，并加些许白酒，
或者加些生姜或蒜，大约10分钟后取出，就不腥了。

炖鸡面

材料 鸡肉、面条各100克，鸡汤料适量
调料 味精2克，盐3克，葱、姜各10克，胡椒粉4克
做法

① 鸡肉洗净剁块；葱洗净切段；姜切末。② 锅置火上，放入清水，下入鸡块、胡椒粉、味精、盐、姜末烧开，用小火炖制30分钟，盛碗备用。③ 将面条下锅煮熟，盛入碗中，淋上炖好的鸡汤料，撒上葱段即可。

火腿鸡丝面

材料 阳春面 250 克，鸡肉 200 克，火腿 4 片，韭菜花 200 克

调料 酱油、淀粉、柴鱼粉、盐、高汤各适量

做法

① 火腿切丝；韭菜花洗净切段。

② 鸡肉切丝，加酱油、淀粉腌 10 分钟。

③ 起油锅，放入韭菜花稍炒后，再加火腿丝拌炒，加柴鱼粉、盐一起炒好。

④ 高汤烧开，将面条煮熟，再加入炒好的材料即可。

鸡丝菠汁面

材料 鸡肉 75 克，韭黄 50 克，菠汁面 150 克

调料 盐 3 克，味精 2 克，香油少许，胡椒粉 1 克，上汤 400 克

做法

① 鸡肉洗净切丝；韭黄洗净切段。

② 锅中注油烧热，放入鸡肉丝，调入盐、味精、胡椒粉、上汤煮入味，盛入碗中。

③ 锅中水烧开，放入菠汁面，用筷子搅散，煮熟，用漏勺捞出，沥干水分后放入盛有上汤的碗中，撒上韭黄，淋上香油即可。

鸡肉西兰花面线

材料 鸡胸肉 30 克，西兰花 20 克，面线 30 克

调料 鸡骨汤 200 克

做法

① 西兰花洗净切成段；鸡胸肉洗净切小片；面线用剪刀剪成段。

② 将鸡骨高汤放入锅中加热，再放入西兰花、鸡肉一起熬煮至熟软。

③ 将面线放入滤网中，用水冲洗后放入锅中，等面线煮熟后即完成。

羊肉

◆**营养成分：**含有丰富的蛋白质和纤维素。

◆**食疗功效：**寒冬常吃羊肉可益气补虚、促进血液循环、使皮肤红润、增强御寒能力。羊肉还可增加消化酶，保护胃壁，帮助消化。中医认为，羊肉还有补肾壮阳的作用。

不同羊肉的鉴别技巧

常见的羊肉分为绵羊肉和山羊肉两种，一般来说，羊肉不宜贮存，如果吃不完要用盐腌制两天，才能保存到10天以上。新鲜的山羊肉肉色略白，皮肉间脂肪较少，羊肉特有的膻味浓重。新鲜的绵羊肉颜色红润，肌肉比较坚实，在细细的纤维组织中夹杂着少许脂肪，膻味没有山羊肉浓。

巧除羊肉膻味

1. 山楂：煮制时放几个山楂可以去除膻味，羊肉也更容易熟烂。

2. 米醋：把羊肉切块放入开水锅中加点米醋（0.5千克羊肉加0.5千克水，25克醋），煮沸后，捞出羊肉烹调，膻味可除。

3. 孜然：孜然气味芳香而浓烈，适宜烹制羊肉，还能起到理气开胃、祛风止痛的作用。

▌砂锅羊肉面

材料 面条150克，羊肉50克，豆皮20克，海带丝10克，香菇5朵，金针菇15克

调料 盐、胡椒粉、鸡精、花椒粉、姜各适量

做法

① 将姜切片；豆皮切块；羊肉切片；香菇切块，金针菇洗净，备用。② 将面条煮熟备用。③ 砂锅中加入汤和羊肉，放入姜米、花椒粉、豆皮、海带、香菇、金针菇。④ 调入盐、胡椒粉、鸡精定味，煮熟后再下入面条，拌匀即可食用。

海鲜配菜面条

鲜虾云吞面

材料 鲜虾云吞 100 克，面条 150 克，生菜 30 克

调料 葱少许，牛骨汤 200 克

做法

① 将云吞下入开水中煮熟待用；葱切成花。

② 面条下锅煮熟，捞出倒入鲜牛骨汤中。

③ 面条中加入云吞及葱花、生菜即成。

虾爆鳝面

材料 自制面条 100 克，黄鳝 1 条，虾仁 20 克

调料 盐 5 克，蒜头粒、葱段、姜片各适量

做法

① 黄鳝烫至八成熟，去骨（鳝骨加水熬成鳝骨汤）切段，入油锅中炸至结壳捞出；虾仁氽水备用。

② 锅加油烧热，下蒜头粒、葱段、姜片爆香，加入盐、鳝骨汤煮沸，入黄鳝条，略煮后捞出，汤备用。

③ 黄鳝汤烧沸，下入面条、盐煮沸，装碗，加入鳝段，撒上虾仁即可。

什锦面

材料 油面 200 克, 鱼板 3 片, 虾 2 只, 蛤蜊 5 个, 肉片 2 片, 香菇 2 片, 青菜 2 棵

调料 盐 2 克, 柴鱼味精 3 克, 高汤 1500 克

做法 ❶ 虾去泥肠洗净; 蛤蜊泡水吐沙; 香菇泡软对切成半备用。❷ 将高汤、盐、柴鱼味精烧开, 放入油面、肉片、鱼、虾、蛤蜊、香菇, 待汤汁滚时将汤上浮沫除去, 再撒上青菜段即可。

虾仁打卤面

材料 面条 90 克, 鸡蛋 1 个, 五花肉片、香菇片、虾仁、木耳片、大白菜、胡萝卜丝各适量

调料 酱油、淀粉、盐、醋、葱段、高汤各适量

做法 ❶ 大白菜洗净切段; 虾仁洗净, 用盐抓洗, 沥干; 肉片以酱油、淀粉腌 5 分钟。❷ 面条煮熟备用。❸ 起油锅, 下香菇、葱、肉片、木耳、胡萝卜炒香, 加大白菜、虾仁、高汤及酱油、盐、醋烧开后倒入淀粉勾芡, 淋下蛋汁至凝固, 加面条即可。

三鲜烩面

材料 面条 250 克, 虾仁 200 克, 海参 1 条, 肉片 150 克, 香菇 4 朵, 青菜适量

调料 酱油、淀粉、盐、葱、姜、高汤各适量

做法 ❶ 香菇泡发洗净切片; 葱洗净切段; 青菜洗净; 肉片加酱油、淀粉腌渍; 虾治净, 再拌少许淀粉; 海参治净, 加葱、姜、水煮约 5 分钟; 面条煮熟捞出。❷ 起油锅, 放入香菇、肉片、青菜、葱、海参拌炒, 加虾仁、高汤及酱油、盐煮开, 再加上面条即可。

鲑鱼面线

材料 鲑鱼 50 克, 面线 30 克

调料 鲜汤 200 克

做法 ❶ 鲑鱼洗净, 用滚水氽烫至熟, 取出后用筷子剥成小片, 并将鱼刺去除干净。❷ 面线用剪刀剪成段状, 备用。❸ 将高汤放入锅中加热, 再放入鲑鱼煮滚。❹ 将面线放入滤网中, 用水冲洗后放入锅中, 等面线煮熟后即完成。

巧辨手工拉面和机制面

1. 手工拉面面条粗细不均匀；机制拉面标准划一，粗细均匀。

2. 机制面熟化后在水中较短时间内会糊化，煮面的汤水表面会起泡沫；而手工拉面不易糊化，汤水表面不会有泡沫。

3. 手工拉面含一定盐分，机制拉面则较淡。

 巧识优质鱿鱼

优质鱿鱼体形完整坚实，呈粉红色，有光泽，体表面略现白霜，肉肥厚，半透明，背部不红。劣质鱿鱼体形瘦小残缺，颜色赤黄略带黑，无光泽，表面白霜过厚，背部呈黑红色或霉红色。

蚝仔大肠面线

材料 红面线 250 克，蚝、熟大肠各 100 克，虾米、熟笋丝各 15 克，红薯粉 5 克

调料 盐、酱油、糖、水淀粉、乌醋、蒜末、高汤各适量

做法

❶ 起油锅爆香蒜末、虾米续加笋丝拌炒，倒入高汤及大肠、酱油、糖、水淀粉煮开。❷ 面线焯烫捞出。❸ 蚝用盐轻轻抓洗，冲净杂质，沥水，沾上红薯粉，投入备好的汤中烧沸，再将面线下入煮熟，最后再以水淀粉勾芡，食用时加醋即可。

香辣鱿鱼拉面

材料 青椒和红椒各 1 个，鱿鱼须 1 根，生菜 1 根，面条 100 克

调料 盐、糖、酱油、红油、葱、上汤各适量

做法

❶ 将青椒和红椒洗净去蒂、去子后切成小粒；生菜洗净；鱿鱼须洗净。❷ 锅中放油烧热，放入鱿鱼过油，将青椒、红椒、酱油、红油、盐、糖一起放入，炒香备用。❸ 将面煮熟捞出沥干水分，盛入碗内，放入炒好的原材料，注入上汤即可。

鳗鱼拉面

材料 拉面 110 克，豆芽、包菜各 30 克，木耳 25 克，鳗鱼 60 克

调料 调味粉、盐水、调味油、葱、白汤各适量

做法 ① 豆芽洗净；包菜洗净切块；木耳切丝；鳗鱼切块入微波炉烤熟；葱切花。② 水烧开，面煮熟，捞出，放入碗中；锅中加入豆芽、包菜、木耳焯熟，捞出放在面上。③ 白汤煮两分钟，调入调味粉、盐水，调匀倒面碗中，放上鳗鱼，淋上调味油即可。

日式乌冬面

材料 乌冬面 200 克，鸣门卷 2 片，豆芽 30 克，玉米 2 条，包菜块、木耳丝各 20 克，炒制鱿鱼 15 克，蟹腿 1 条，八爪鱼 25 克，墨鱼仔 30 克

调料 中华调味粉 2 克，盐水 15 克，调味油 15 克

做法 ① 锅中注水烧开，放入面煮熟，捞出沥水后装入碗内；面汤内调入中华调味粉、盐水、调味油。② 水烧开，放入所有的材料焯熟，盛入面碗内，倒入调好味的面汤即可。

虾米葱油拌面

材料 干虾米 25 克，小葱 15 克，切面 100 克

调料 生抽 10 克，葱油 15 克，黄酒适量

做法 ① 先将干虾米加入黄酒中，入锅蒸 30 分钟，葱切花。② 锅中油烧热，放蒸好的虾米炸香，捞出沥油备用。③ 切面入沸水中煮熟，调入葱油、干虾米、生抽，撒上葱花即可。

三丝炒面

材料 生面条 400 克，肉丝 100 克，火腿丝、鲜鱿鱼丝、豆芽各 50 克，韭黄段 20 克

调料 盐、味精、生抽、葱段、老抽各适量

做法 ① 生面条放入锅中用开水焯熟，搅散，沥水。将肉丝、火腿丝、鲜鱿鱼丝用开水焯熟。② 烧锅下油，将豆芽和焯熟的面条加入锅中，用中火炒香，然后加入肉丝、火腿丝、鲜鱿鱼丝翻炒 1 分钟。③ 将葱段、韭黄段加入锅内翻炒，放入其余用料炒匀入味即可。

第 8 部分

美味烙饼

烙饼是以面粉、鸡蛋、葱花等为主要原料烙制而成并深受百姓喜爱的面食之一，可以配各种肉、蛋、蔬菜一起食用。主要营养成分是碳水化合物、蛋白质、脂肪等，营养充足而丰富。

制作香饼有讲究

不管是配着家常小炒吃，还是喝粥、拌小咸菜，烙饼都是很好的佐餐主食，深受大家喜爱。从咸香适口的葱饼、煎饼、蔬菜饼、土豆饼，到香甜软糯的老婆饼、糯米饼、白糯米饼，各种烙饼手把手教你做！

 巧用高压锅烙饼

用玉米面兑入两三成黄豆粉，再用温水和匀，然后加上少许发酵粉再搅匀。一小时后，把高压锅烧热，在锅底涂油，然后将饼子平放在锅底并用手将其按平，再将锅盖盖上，并加上阀，两三分钟后将锅盖打开，从饼子空隙处慢慢地倒些热水，加水到饼子的一半即可盖上盖，加上阀。几分钟后，当听不到响声后即可取下阀；再改用小火；水汽放完后即可铲出。这样贴的饼子松软香甜，脆而不硬。

 热剩烙饼的窍门

首先火不要太旺，在炒勺里先放半调羹油，油并不需烧热，便可将饼放入勺内，在饼的周围浇上约 25 毫升热水，然后马上盖上锅盖，一听到锅内没有油煎水声时即可将烙饼取出。用这种方法烙出的烙饼如同刚烙完的一样，里面松软，外面焦脆。

 用速冻包子制馅饼

在饼锅中放少量油，再放入买回的速冻包子，点火后一边解冻一边将包子压扁，并两面翻烙。色焦黄、薄皮大馅的美味馅饼即能制成，省时省事又相当好吃。

煎烙饼

千层饼

材料 面粉 300 克

调料 酵母 5 克，豆油 20 克，碱适量

做法

① 面粉倒在案板上，加酵母、温水和成发酵面团。待酵面发起，加入碱液揉匀。② 面团搓成条，揪成若干面剂，将面剂搓长条，擀成长方形面片，刷豆油，撒干面粉后叠起。③ 把剂两端分别包严，擀成宽椭圆形饼，下入锅中煎至两面金黄色，取出切成菱形块，码入盘内即可。

香煎叉烧圆饼

材料 糯米粉 500 克，叉烧 150 克，澄面 100 克，清水 150 克

调料 猪油、糖各 100 克

做法

① 澄面、糯米粉过筛开窝，加入猪油、糖、清水。② 拌至糖溶化，将粉拌入揉成光滑面团。③ 将面团分切成 30 克 / 个的小剂。④ 将小剂擀薄。⑤ 然后包入馅料。⑥ 再将收口成型。⑦ 均匀排入蒸笼，旺火蒸约 8 分钟。⑧ 蒸熟放凉后，放入烧热油锅中煎至金黄即可。

重点提示 蒸笼底部可刷上一层油，以便取出饼。

芝士豆沙圆饼

材料 糯米粉 500 克，豆沙 500 克，澄面 100 克，芝士片适量

调料 砂糖、猪油各 100 克

做法

1. 糯米粉、澄面混合开窝，加砂糖、猪油、清水拌至糖溶化。

2. 将粉拌入搓透成粉团。

3. 将粉团搓成长条形。

4. 分切成 30 克 / 个的面团。

5. 将豆沙馅亦搓成长条状，分切成 15 克 / 个。

6. 将面团压薄，把馅包入。

7. 再将包口收紧。

8. 蒸熟透，待凉后煎成金黄色，用芝士片装饰即可。

重点提示 包口捏紧后，要将饼坯压平实。

鸡蛋灌饼

材料 饼2张，鸡蛋2个

调料 盐3克，水淀粉适量

做法

① 鸡蛋打散装碗，加入盐拌匀，下入油锅中炒散备用。

② 取一张饼，铺上炒好的鸡蛋，再盖上另一张饼，将边缘处以水淀粉粘好。

③ 平底煎锅注油，大火烧热，放入饼，转中小火，煎至开始变成金黄色时，将饼翻转，待两面变黄后，取出切成菱形块即可。

煎芝麻圆饼

材料 糯米粉500克，猪油150克，澄面150克，清水205克，芝麻适量

调料 糖100克

做法

① 清水、糖加热煮开，加入糯米粉、澄面。

② 烫熟后倒在案板上搓匀。

③ 加入猪油搓至面团纯滑。

④ 将面团搓成长条状。

⑤ 分切成30克/个的小面团，莲蓉馅分切成每个15克。

⑥ 将面团压薄，包入馅料。

⑦ 将包口收捏紧。

⑧ 粘上芝麻后蒸熟，待凉后煎至金黄色即可。

重点提示 在面团蘸上芝麻之前，可先蘸点水。

胡萝卜丝饼

材料 面粉 300 克，鸡蛋 2 个，胡萝卜 20 克

调料 葱 10 克，盐 3 克

做法 1 鸡蛋打散；胡萝卜洗净切丝；葱洗净后取葱白切段。2 面粉加适量清水拌匀，再加入鸡蛋、胡萝卜、盐、葱白段一起搅匀成浆。3 煎锅上火，下入调好的鸡蛋浆煎至两面金黄色后，取出切成块状即可。

煎饼

材料 面粉 300 克，瘦肉 30 克，鸡蛋 2 个

调料 盐、香油各 3 克

做法 1 瘦肉洗净切末；鸡蛋装碗打散。2 面粉兑适量清水调匀，再加入鸡蛋、瘦肉末、盐、香油一起拌匀成面浆。3 油锅烧热，放入面浆，煎至两面金黄色时，起锅切块，装入盘中即可。

蔬菜饼

材料 面粉 300 克，鸡蛋 2 个

调料 香菜、胡萝卜、盐、香油各适量

做法 1 鸡蛋打散；香菜洗净；胡萝卜洗净切丝。2 面粉加适量清水调匀，再加入鸡蛋、香菜、胡萝卜丝、盐、香油调匀。3 锅中注油烧热，放入调匀的面浆，煎至金黄色后起锅，切块装盘即可。

双喜饼

材料 面粉 300 克，韭菜 50 克，鸡蛋 2 个，豆沙 50 克

调料 盐 3 克

做法 1 鸡蛋打散，入锅煎成蛋饼后切碎；韭菜切碎。2 再将蛋饼、韭菜、盐拌匀做馅；面粉加适量清水揉匀成团。3 将面团分成 8 个剂后擀扁，4 个包入豆沙馅，另外 4 个包入鸡蛋馅，均做成饼，放入油锅中煎熟即可。

豆沙饼

材料 春卷油皮、圆粒豆沙馅各适量

调料 炒熟芝麻、炒熟花生各适量

做法

① 先将熟花生压碎。

② 加入炒熟芝麻。

③ 再放入豆沙馅拌匀。

④ 将拌好的馅料搓紧，放在春卷皮其中一边。

⑤ 然后将馅料卷起。

⑥ 用菜刀压平、压实。

⑦ 分切成块。

⑧ 排于碟中，平底锅加入生油，将饼坯煎透即可。

重点提示 用菜刀压饼时，注意力道要控制好。

黑芝麻酥饼

材料 水油皮、油酥各适量

调料 黑芝麻、糖粉各适量

做法

① 水油皮、油酥均擀成薄片，将油酥放在水油皮上，卷好，再下成小剂子，按扁成酥皮。

② 在酥皮上放入芝麻、糖粉后包好，按成饼形，在两面蘸上黑芝麻。

③ 煎锅上火，加油烧热，下入芝麻饼坯煎至两面金黄色即可。

土豆饼

材料 土豆 40 克，面粉 120 克

调料 盐 2 克

做法

①土豆去皮洗净，煮熟后捣成泥备用。

②将土豆泥、面粉加适量清水拌匀，再加入盐揉成面团。

③将面团做成饼，放入油锅中煎至两面呈金黄色，起锅装盘即可。

煎肉饼

材料 面粉 350 克，五花肉 100 克，胡萝卜适量，生菜少许

调料 盐、胡椒粉各 5 克

做法

①五花肉洗净后剁成末；胡萝卜洗净切丁；生菜洗净。

②面粉加适量清水搅拌成絮状，再加入肉块、胡萝卜、盐、胡椒粉一起揉匀。

③将揉匀的面团，分成若干剂，做成饼，放入油锅中煎至两面金黄色，起锅装盘，用生菜点缀即可。

手抓饼

材料 面粉 200 克，鸡蛋 2 个

调料 黄油 20 克，白糖 3 克

做法

①面粉加入打散的鸡蛋液，黄油、水、白糖揉制成面团后醒发。

②面团取出搓成长条，撒面粉，擀成长方形薄片，依次刷一层食用油、一层黄油，对折后分别再刷两次油，再次对折成长条，拉起两边扯长后从一头卷起成盘。

③擀制成薄厚均匀的圆饼，放入平锅中煎至两面金黄，最后撕开即可。

豆沙糯米饼

材料 糯米粉 350 克，豆沙 30 克
调料 盐 3 克
做法

① 糯米粉与适量清水揉匀成光滑的面团。

② 将面团搓成长条，分成 4 个剂，擀成面皮，包入豆沙，按成扁饼。

③ 锅中注油烧热，放入饼煎至熟即可。

驴肉馅饼

材料 酱驴肉 100 克，面粉 250 克
调料 盐 3 克，香菜 5 克，蒜末、香油各 4 克
做法

① 酱驴肉洗净，剁成碎末，加入盐、香菜、蒜末、香油一起拌匀成馅料备用。

② 面粉加适量清水拌成絮状，再揉匀成面团，分成 4 等份，擀扁，包入馅料。

③ 锅中注油烧热，放入馅饼，煎至熟即可。

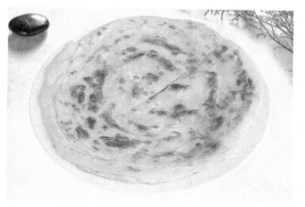

家常饼

材料 面粉 300 克
调料 盐 2 克，胡椒粉、香油各 5 克
做法

① 面粉加适量清水拌匀，再加入盐、胡椒粉、香油揉匀。

② 将揉匀的面团搓成长条，然后下成面剂，再用擀面杖擀成一张薄皮。

③ 锅中注油烧热，放入面皮，煎至熟后起锅装盘即可。

芝麻糯米饼

材料 糯米粉 250 克，黑芝麻、白芝麻各 10 克，豆沙 50 克
调料 糖 15 克
做法

① 糯米加适量清水拌匀，再揉匀成面团。

② 将糯米面团擀薄，抹上豆沙、糖，然后对折叠起，再擀成饼状，在两面均蘸上芝麻。

③ 放入油锅中煎熟，起锅切成方块，装盘即可。

香煎玉米饼

材料 澄面、糯米粉、玉米、马蹄、胡萝卜、猪肉各适量

调料 盐、生油、麻油、糖、淀粉、鸡精各适量

做法

1. 水煮开，加入澄面、糯米粉。烫至没粉粒状后倒在案板上。

2. 搓匀至面团纯滑。

3. 将面团搓成长条状，分切成3段面团压薄备用。

4. 馅料切碎，加入调料拌匀。

5. 用薄皮将馅包入。

6. 将口收紧捏实。

7. 蒸熟取出，晾凉后用平底锅煎成两面浅金黄色即可。

腊味韭香饼

材料 面粉 150 克，腊肠 50 克，韭菜 20 克
调料 盐 2 克
做法

① 腊肠洗净切碎；韭菜洗净切碎。

② 将面粉兑清水调成浆，加入盐，再将切好的腊肠、韭菜放入，一起拌匀成面酱。

③ 锅内注油烧热，放入面浆煎成面饼后，取出切成三角形状后装盘即可。

苦瓜煎蛋饼

材料 苦瓜、面粉各 50 克，鸡蛋 3 个
调料 盐 3 克
做法

① 苦瓜洗净切丁；鸡蛋入碗中打散。

② 将苦瓜丁放入鸡蛋碗中，再放入盐和面粉调匀。

③ 锅中注油烧热，放入调好的蛋浆，煎至两面呈金黄色时起锅，切块装盘即可。

奶香玉米饼

材料 玉米粉 30 克，牛奶 20 克，面粉 200 克
调料 香油适量，糖 3 克
做法

① 面粉、玉米粉、牛奶加适量清水搅拌成絮状，再加入糖、香油揉匀。

② 将揉好的面团分成若干份，做成饼坯，放入煎锅中煎至两面金黄色。

③ 取出，排于盘中即可。

牛肉煎饼

材料 面粉、鸡蛋液、淀粉、牛肉各适量
调料 生姜、盐、酱油各适量
做法

① 牛肉洗净，剁成末；姜洗净，切成细末。

② 牛肉末放入碗内，加面粉、姜末、淀粉、鸡蛋液、盐、酱油和适量清水搅匀，再做成饼状。

③ 油锅烧热，放入牛肉饼煎至两面金黄色后捞出。

武大郎肉饼

材料 面粉 150 克，鲜肉 100 克

调料 葱、姜、盐、辣椒酱、鸡精、料酒各适量

做法

① 面粉加冷水和成面团，静置醒发 20 分钟。

② 葱洗净切丝，姜洗净切片，葱姜一起泡水 20 分钟。肉洗净剁泥，在肉泥中加葱姜水及盐、鸡精、料酒拌匀，再加辣椒酱，混匀成馅。

③ 将醒好的面团割成小面团，擀成薄面皮，放上肉馅，卷成卷。

④ 将饼坯放入平底锅后压扁，煎至两面金黄色即可。

西米南瓜饼

材料 南瓜 150 克，西米 50 克，淀粉 20 克

调料 白糖 15 克

做法

① 南瓜去皮切小块，隔水蒸熟，然后压成南瓜泥；西米用温水泡发至透明状。

② 南瓜泥中加入淀粉，和西米均匀混合在一起，再加糖拌匀。

③ 锅中加油烧热，分别舀适量上述材料在平铲上，铺开成形，入油锅中煎至外皮变脆、颜色金黄即可。

芝麻煎软饼

材料 糯米粉 200 克，黑芝麻 30 克

调料 吉士粉、白糖各 15 克

做法

① 将糯米粉、吉士粉加白糖、清水调成面糊。

② 将面糊捏成圆形，再按扁成饼状，在两面蘸上黑芝麻备用。

③ 油锅烧热，下入黑芝麻饼坯煎至两面金黄色即可。

▌麦仁山药饼

材料 麦仁 30 克，面粉 150 克，山药 60 克

调料 盐 3 克

做法 ① 麦仁洗净，用清水浸泡待用；山药去皮洗净，捣成泥。② 将面粉与盐、清水、山药泥调匀，揉成光滑的面团，下成面剂，按成饼状，沾裹上麦仁粒。③ 锅中注油烧热，下入麦仁饼坯，以小火煎至两面金黄色即可。

▌奶香黄金饼

材料 面粉 350 克，牛奶 50 克，鸡蛋 2 个，白芝麻 30 克

调料 糖 15 克

做法 ① 鸡蛋打散。② 面粉加适量清水拌成絮状，再加入牛奶、鸡蛋液、糖揉匀成团。③ 将面团擀扁成饼状，再蘸上芝麻，放入油锅中煎至两面金黄色后起锅，切块装盘即可。

▌松仁玉米饼

材料 玉米粉 100 克，松仁 50 克，鸡蛋清 20 克

调料 炼乳 30 克，淀粉 10 克

做法 ① 将玉米粉加水调好，静置待用。② 将调好的玉米粉、炼乳、鸡蛋清、淀粉混合搅匀；松仁过油炸至微黄。③ 锅中涂层油，均匀摊上玉米粉团，撒上松仁，煎至两面微黄即可。

▌六合贴饼子

材料 玉米粉、面粉、奶粉、大米粉、绿豆粉、黄豆粉、鸡蛋液各 50 克

调料 白糖 10 克

做法 ① 玉米粉、面粉、奶粉、大米粉、绿豆粉、黄豆粉混合均匀，再放入鸡蛋液、白糖、水和匀成面糊。② 将面糊放入模型中，做成圆饼状再取出。③ 将做好的饼放入锅中烙至两面金黄色即可。

香酥饼

材料 精面粉 200 克，红豆沙 100 克，白芝麻 10 克

调料 白糖 20 克，猪油 20 毫升，清油 10 毫升

做法

① 将清油和白糖同适量水混合，倒入 150 克面粉后和成面团；在 10 毫升猪油中加入 50 克面粉加水和匀。

② 将两团面分别搓成长条，下成面剂，猪油面团擀片，包入清油面团中，再包入豆沙。

③ 蘸上芝麻，擀成椭圆形，放入烧热的油锅中煎至两面金黄即可。

芹菜馅饼

材料 面粉 350 克，芹菜 90 克，猪肉 80 克，酵母适量

调料 盐、味精各 4 克

做法

① 将猪肉和芹菜洗净，切碎，加入调味料，做成馅料。

② 面粉加入酵母后擀成面团，分成两个饼，中间包入馅，将两个饼的两边压紧，做成大饼。

③ 放入锅中煎至两面金黄即可。

重点提示 芹菜的叶、茎含有挥发性物质，别具芳香，能增强人的食欲。

葱花饼

材料 面粉 150 克

调料 葱花 15 克，花椒粉 5 克，牛油 50 克，盐 3 克

做法

① 在面粉中加水、牛油、盐，揉成面团。

② 下成大小均匀的剂子，将面团按扁。

③ 用模具压成形，再在饼上刻花。

④ 放入锅中稍烙至一面微黄，取出。

⑤ 撒上花椒粉，然后再放入锅中烙成两面呈金黄色。

⑥ 取出，撒上葱花即可。

重点提示 花椒粉不要放太多。

羊肉馅饼

材料 羊肉馅、白面各 300 克

调料 盐 3 克，味精、花椒粉各 3 克，干辣椒粉 5 克，葱花少许

做法

① 白面加水和好，做成面皮。

② 羊肉馅加调味料拌成馅，用面皮把馅包好。

③ 在锅中用小火煎成两面金黄色即可。

火腿玉米饼

材料 火腿 80 克，玉米粉 50 克，面粉 150 克

调料 盐 2 克，白糖 10 克，黄油 25 克

做法

① 将火腿洗净切成粒。

② 面粉内加入玉米粉、黄油、盐、白糖，加入适量水。

③ 拌匀成面糊，用模具压成形。

④ 倒入煎锅内煎至半熟。

⑤ 撒上火腿粒，稍压紧。

⑥ 煎至两面金黄，取出。

香葱煎饼

材料 面粉 300 克，五花肉 350 克，大葱末 30 克

调料 盐 3 克，味精 2 克，香油 8 毫升，泡打粉 7 克

做法

① 将面粉、泡打粉、水和匀，揉成面团发酵，下剂，备用。

② 将五花肉去皮、斩蓉，调味，加入大葱末，搅拌成肉馅。

③ 将面团擀薄，包入馅，成煎饼状，将生坯置煎锅摊平，煎至两面金黄即可。

牛肉飞饼

材料 牛肉末 20 克，面团 100 克

调料 盐 2 克，咖喱粉 3 克，椰浆 8 克，炼奶 10 克，葱末少许，蛋液半个

做法

① 牛肉末放入碗中，调入调味料，拌匀，腌制 5 分钟。

② 在面团上抹上一层油，按压成圆形。铺上腌好的牛肉末，将面皮对折压紧。

③ 锅置火上，倒入适量油烧热，放入饼坯，煎至金黄色，切块即可。

萝卜干煎蛋饼

材料 萝卜干 50 克，鸡蛋 4 个

调料 盐 2 克，味精 1 克，淀粉 8 克

做法

① 萝卜干切碎，加入鸡蛋、味精、淀粉打散，调味。

② 用油滑锅，将蛋液在锅中摊成饼。

③ 煎至两面金黄即可。

重点提示 萝卜不宜与人参同食，脾胃虚寒者勿生食。

烘烤饼

芝麻酥饼

材料 面粉 500 克，鸡蛋 1 个，水 150 克，奶黄馅 250 克，芝麻适量

调料 糖 50 克，猪油 25 克

做法

① 面粉过筛开窝，加糖、猪油、鸡蛋、清水拌至糖溶化。② 将面粉拌入搓匀，揉至面团纯滑。③ 用保鲜膜包好松弛 30 分钟。④ 将面团分切成小面团，将面团擀成薄皮。⑤ 中间放入奶黄馅，将面皮卷起，将口捏紧。⑥ 蘸上芝麻。⑦ 排于烤盘内，入炉熟透出炉即可。

重点提示 包口要捏紧，可防止烘烤时皮破露馅。

南瓜饼

材料 南瓜 50 克，面粉 150 克，蛋黄 1 个

调料 糖、香油各 15 克

做法

① 南瓜去皮洗净，入蒸锅中蒸熟后取出捣烂。② 将面粉兑适量清水搅拌成絮状，再加入南瓜、蛋黄、糖、香油揉匀成面团。③ 将面团擀成薄饼，放入烤箱中烤 25 分钟，取出，切成三角形块，装盘即可。

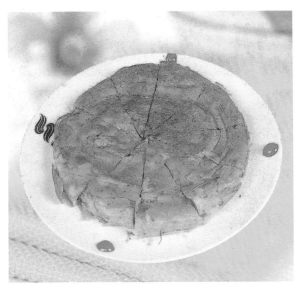

麻辣肉饼

材料 瘦肉 50 克，面粉 300 克

调料 苏打粉、盐、红油少许

做法

① 瘦肉洗净切末；面粉加苏打粉、水搅拌成面团；瘦肉末、盐一起拌匀成馅备用。

② 将揉匀的面团摘成小剂，擀成圆形片，包入馅料，包起来，再用擀面杖反复擀几遍，再做成一张大饼，放入烤箱中烤 35 分钟。

③ 取出涂上红油，切成小块，装入盘中即可。

芝麻烧饼

材料 面粉 500 克，芝麻适量，鸡蛋 1 个，叉烧馅适量

调料 糖 50 克，猪油 25 克

做法

① 面粉过筛开窝，加糖、猪油、鸡蛋、清水拌至糖溶化。

② 拌入面粉边拌边搓，搓至面团纯滑。

③ 用保鲜膜包好，松弛约 30 分钟。

④ 将面团分切成 30 克 / 个。

⑤ 压薄包入叉烧馅。

⑥ 将收口捏紧。

⑦ 然后蘸上芝麻。

⑧ 排入烤盘，稍静置松弛，入炉烤熟透出炉即可。

重点提示 中途转动烤盘，可使每个饼坯均匀受热。

老婆饼

材料 冬瓜蓉 50 克，面粉 150 克，白芝麻 30 克

调料 蛋黄液 30 克，香油适量

做法 ❶ 面粉加适量水与香油揉匀，用擀面杖擀成饼皮。❷ 用饼皮将冬瓜蓉包成饼，再将饼面刷上蛋黄液，蘸上白芝麻，并在两面划几刀，放入烤箱烤 30 分钟，取出即可食用。

黄桥烧饼

材料 面粉 500 克，芝麻 35 克

调料 酵母 10 克，饴糖 20 克，碱水、盐各 4 克

做法 ❶ 将一半面粉、酵母、盐和温水揉成发酵面团，再兑入碱水，至无酸味即可。❷ 其余面粉加熟猪油和成干油酥。❸ 把酵面搓成长条，摘成剂子，剂子包入干油酥，擀成面皮，对折后再擀成面皮，卷起来，按成饼状，涂一层饴糖，撒上芝麻，装入烤盘烤 5 分钟即可。

空心烧饼

材料 外皮（中筋面粉 100 克，糖 10 克，酵母粉 3 克），内皮（奶油 20 克，低筋面粉 40 克）

调料 白芝麻 8 克

做法 ❶ 中筋面粉混合酵母粉、糖、水揉成面团，分成面心、面皮；面粉混合奶油揉成油酥面团。❷ 面皮包入油酥，反复折擀两次再擀成圆薄片。❸ 将面心包入面皮内，刷上糖水，蘸上白芝麻，入烤盘静置 30 分钟。烧饼入烤箱以 175℃烤 25 分钟即可。

东北大酥饼

材料 豆沙、油酥各 50 克，水油皮 100 克

调料 蛋液适量

做法 ❶ 豆沙分成 2 等份，备用。❷ 水油皮与油酥拌匀，做成酥饼皮，将豆沙放入包好。❸ 将饼皮放入虎口处收拢，将剂口捏紧，用手掌按扁，再均匀地扫一层蛋液。❹ 再将饼放入烤箱中，烤 20 分钟，取出即可食用。

奶黄饼

材料 面粉 200 克，奶黄馅 30 克

调料 糖、香油各 10 克

做法

① 面粉加适量清水搅拌成絮状，再加糖、香油揉匀成光滑的面团。

② 将面团摘成小剂子，按扁，包上奶黄馅，做成饼状。

③ 将做好的饼放入烤箱中烤 30 分钟，至两面金黄色时即可。

香葱烧饼

材料 面粉 500 克，泡打粉 15 克，芝麻适量

调料 砂糖、酵母、牛油、鸡精、葱各适量

做法

① 面粉、泡打粉过筛开窝，加入糖、酵母、清水。

② 搅拌至糖溶化，然后将面粉拌入。

③ 揉搓成光滑面团后用保鲜膜包好，稍作松弛。

④ 馅料部分切碎拌匀。

⑤ 将面团擀薄并抹上葱花馅。

⑥ 卷成长条状。

⑦ 分切成约 40 克 / 个的小剂，并在小剂上扫上清水。

⑧ 蘸上芝麻，放入烤盘内，烘烤至两面金黄色即可出炉。

重点提示 清水不需要抹太多，将表面蘸湿即可。

▌金丝掉渣饼

材料 面粉 200 克

调料 盐、葱花、白芝麻、猪油各适量

做法 ❶面粉加盐、水和匀成面团，再压成长片，两面均抹上猪油，撒上葱花、白芝麻，把面顺长折叠，切成丝，再盘成饼状。❷烤箱预热，下入盘好的饼，以 220℃的炉温烘烤 5 分钟，至两面金黄即可。

▌萝卜丝酥饼

材料 面粉、白萝卜、黄油各适量

调料 盐 3 克

做法 ❶面粉、黄油加入清水和匀成面团；白萝卜去皮洗净后切碎，加盐炒熟成馅料。❷将面团揉匀，擀成薄面皮，折叠成多层后切成方块，包入馅料，捏成形。❸油锅烧热，放入备好的材料烤至酥脆即可。

▌奶香瓜子饼

材料 葵花子仁 30 克，面粉 80 克，奶油 20 克

调料 樱桃、白糖各适量

做法 ❶面粉加水调匀，再加白糖、奶油搅至糖全部溶化，制成面团。❷将面团分成大小均匀的等份，搓成圆形，再裹上一层葵花子仁。❸将制好的饼坯放入模子中，入烤箱烤熟，取出码盘，加樱桃点缀即可。

▌莲蓉酥饼

材料 莲蓉 60 克，酥饼皮 3 张

调料 蛋液适量

做法 ❶莲蓉分成 3 等份；取一张酥饼皮，放入 1 份莲蓉。❷将饼皮放在虎口处逐渐收拢，将剂口捏紧。❸用手掌按扁。❹均匀扫上一层蛋液。❺放入烤盘中，送入烤箱。❻用上 150℃、下 100℃的炉温烤 12 分钟至熟即可。

燕麦蔬菜饼

材料 鸡蛋70克，面粉150克，燕麦片80克，芝麻（烤熟）、胡萝卜各20克

调料 砂糖100克，青葱末20克

做法

① 鸡蛋打散，胡萝卜切碎。

② 面粉加入蛋液、燕麦片和胡萝卜、芝麻、葱末拌匀，装入袋中。

③ 挤成圆球状，入烤烤箱烤20分钟即可。

红豆酥饼

材料 煮熟的红豆50克，水油皮60克，油酥30克

调料 白糖10克，蛋液5克

做法

① 将红豆放入碗中，调入白糖，用勺子压成泥，待用。

② 将水油皮、油酥做成饼皮后，一手拿饼皮，一手放入红豆馅料。

③ 将饼皮捏起，按扁，扫上一层蛋液。

④ 放入烤盘中，入烤箱，用150℃炉温烤12分钟即可。

火腿萝卜丝酥饼

材料 油皮、油酥各300克，白萝卜750克，火腿末20克

调料 盐3克，葱末、姜末各2克

做法

① 将萝卜刨丝，用盐腌5分钟，冲洗后，捞出，挤干水分。

② 萝卜丝、火腿末、葱末、姜末加盐拌匀，制成馅料。

③ 取油皮，包入油酥，均匀擀成条，卷成圆柱状，待用。

④ 取做好的油酥皮，擀成圆片，包好馅料，入烤箱用220℃的烤20分钟即成。

菊花酥

材料 面粉 340 克，水 150 克，莲蓉适量

调料 白糖 15 克，猪油 140 克

做法

① 面粉开窝，加入糖等各材料，搓至面团纯滑。

② 用保鲜膜将搓好的面团包好，松弛静置半小时。

③ 面粉和猪油混合拌匀，用刮板堆叠搓。

④ 搓至面团纯滑后用保鲜膜包好松弛。

⑤ 将松弛好的水皮、油心分割成 3:2 的比例。

⑥ 将水皮擀开包入油心。

⑦ 再对角擀开，擀成圆薄形松驰。

⑧ 将莲蓉馅分割。

⑨ 用酥皮包馅，收口捏紧，再用擀棍擀薄。

⑩ 对折后用力斜切离中心 1/3 处。

⑪ 将分切的部分转过来，成正面，扫上蛋液。

⑫ 入炉烤至两面金黄色熟透后，出炉即可。

贝壳酥

材料 面粉 350 克，可可粉 15 克，蛋液 50 克

调料 白糖 50 克

做法

① 将面粉加油、白糖搓成面团；取面粉加油、白糖、水和成水油酥面团，醒透揉匀。剩余面粉加入油、水、可可粉和成可可水油面团。

② 面团饧透，用水油面包入干油酥、可可水油面团，收口朝上，擀薄皮。

③ 在薄片中间刷上一层蛋液，叠制成贝壳形生坯，入烤箱烤至两面金黄色后取出即可。

叉烧酥

材料 猪肉 150 克，面粉 300 克，起酥油 200 克，芝麻 15 克

调料 糖、生抽各 10 克，味精 3 克

做法

① 猪肉用糖、味精、生抽腌渍，入烤箱烤熟，稍冷却，用绞肉机绞碎制成叉烧馅。

② 将面粉、起酥油制成酥皮，切成大小均匀的长方形大块，上面放上叉烧馅。

③ 折叠两次成正方形，撒上芝麻，对切成四小块，入烤箱烤熟即可。

炸饼

1　2　3　4　5　6　7　8

莲蓉芝麻饼

材料　低筋面粉 500 克，芝麻莲蓉馅适量，砂糖 100 克，芝麻适量，清水 225 克

调料　泡打粉 4 克，干酵母 4 克，改良剂 25 克

做法

❶ 低筋面粉、泡打粉混合开窝，加糖、酵母、改良剂、清水拌至糖溶化。❷ 将面粉拌入搓匀，搓至面团纯滑。❸ 用保鲜膜包好静置松弛。❹ 将面团分切成 30 克/个的小剂，压薄备用。❺ 莲蓉馅与炒香芝麻混合成芝麻莲蓉馅。❻ 用面皮包入馅料，将包口捏紧后蘸上芝麻。❼ 然后用手按压成小圆饼形。❽ 蒸熟，等晾凉后炸至两面浅金黄色即可。

相思饼

材料　青豆、蛋黄液各 30 克，胡萝卜丁 20 克，玉米粒 50 克

调料　糖、淀粉各 10 克

做法

❶ 青豆、玉米焯水；胡萝卜洗净切丁与青豆、玉米粒混合。❷ 淀粉加水调好，加入蛋黄液拌匀，然后加入青豆中。❸ 在混合好的上述材料中加入糖，搅拌至糖全部溶化。❹ 油锅烧热，倒出热油，用勺舀适量的饼料入锅中，搪平，再加入热油，炸至表面微黄即可。

芋头饼

材料 芋头 100 克，糯米粉 30 克，饼干 10 片，芝麻 20 克

调料 糖 15 克

做法

1. 芋头去皮，切成片，然后入蒸笼蒸熟，趁热捣碎成泥，加入糖、糯米粉拌匀。

2. 将芋头糊夹入两片饼干中，轻轻按压，再在饼干周围刷点淀粉水，蘸上芝麻。

3. 油锅烧至六成热，将芋头饼放入其中，慢火炸至表面脆黄即可。

韭菜饼

材料 小麦面粉 50 克，韭菜、鸡蛋各 100 克

调料 盐、葱各适量

做法

1. 将韭菜择洗干净，沥水后切成小段；葱洗净，切成细末。

2. 把鸡蛋打入碗内，用力搅打均匀，然后将韭菜、鸡蛋混合，加盐、葱炒熟。

3. 将面粉加水和好，包入备好的鸡蛋和韭菜，拍成圆饼形。

4. 入沸油锅炸至两面金黄色后出锅即可。

金钱饼

材料 面粉 200 克，鸡蛋 2 个

调料 糖、香油各 15 克

做法

1. 将鸡蛋打散装碗。

2. 将面粉兑适量清水搅拌成絮状。

3. 再加入鸡蛋、糖、香油揉匀成团。

4. 将面团分成若干小剂，捏成环状的小饼。

5. 再放入油锅中炸熟，起锅串起即可。

黄金大饼

材料 面粉、豆沙、白芝麻各适量
调料 白糖10克
做法

① 将面粉加水、白糖和成面团，下成面剂后按扁。
② 面皮上放上豆沙，包好，捏紧封口，按成大饼形，在两面蘸上白芝麻。
③ 将备好的材料入锅蒸10分钟。
④ 锅置火上，入油烧热，入蒸过的大饼炸至两面金黄即可。

虾仁薄饼

材料 虾仁100克，面粉80克
调料 红辣椒30克，盐、葱、料酒、辣椒酱各适量
做法

① 先将虾仁入热水中汆下水后取出，沥干水分。
② 红辣椒洗净切丁；葱洗净切末；虾仁加盐、料酒、辣椒酱调好味，拌入辣椒丁。
③ 将面粉和好后分成若干等分，一一擀成薄片。取一片放入调好味的虾仁，再盖上另一薄片，撒些葱花后折叠，最后入油锅炸至两面微黄色，取出切块即可。

龙凤饼

材料 面粉100克，海参、鸡肉各50克
调料 盐、料酒、面包糠各适量
做法

① 海参泡发洗净，入锅汆水后捞出切碎；鸡肉洗净，剁成泥，加盐、料酒腌渍。
② 将面粉加水和匀成面糊，再将鸡肉、海参拌匀，裹上面糊，搓成圆形，压成饼状，裹一层面包糠。
③ 油锅烧热，放入做好的饼炸至金黄色即可。

葱油芝麻饼

材料 面粉 300 克，葱 20 克，白芝麻适量

调料 盐 3 克，味精 2 克

做法

1. 葱洗净切末，入油锅中煎干，再去渣取油，即为葱油。

2. 面粉加适量清水调匀，再加入白芝麻、盐、味精揉匀成团，在两面均刷上葱油，再擀扁至成饼状。

3. 锅中注油烧热，放入大饼坯，炸至金黄色时起锅切块，装入盘中即可。

金丝土豆饼

材料 淀粉 100 克，土豆 80 克，白芝麻 20 克

调料 葱花 20 克，盐 3 克

做法

1. 土豆去皮洗净切丝。

2. 将淀粉、盐、土豆丝、葱花拌匀调好，切成三角块状。

3. 油锅烧热，放入备好的材料炸至金黄色，捞出沥油，撒上白芝麻即可。

千层素菜饼

材料 面粉、鸡蛋液、雪里蕻各适量

调料 葱花、盐各适量

做法

① 将面粉、鸡蛋液加水和匀成面团；雪里蕻洗净切末。

② 油锅烧热，入雪里蕻、葱花炒熟，调入盐拌匀成馅料。

③ 将面团擀成薄皮，放上馅料，包好成饼状，再下入烧热的油锅中炸至酥脆即可。

蜂巢奶黄饼

材料 面粉 150 克，奶黄 50 克

调料 泡打粉、白糖、蜂蜜各适量

做法

① 将面粉、泡打粉、白糖、蜂蜜、水和匀成面团，醒发 20 分钟。

② 将面团揉匀，下成小剂子，用擀面杖擀成面皮，再包入奶黄，包好后擀成饼状。

③ 油锅烧热，将做好的饼炸至酥脆即可。

广式葱油饼

材料 面粉 150 克，葱 20 克，白芝麻 15 克

调料 盐、味精各 3 克

做法

① 葱洗净切花；面粉加水、盐、味精和匀成面团。

② 将面团揉匀，擀成薄面皮，刷一层油，放上葱花，从边缘折起，再捏住两头盘起，将剂头压在饼下，用手按扁后擀成圆形，撒上白芝麻。

③ 油锅烧热，入备好的材料炸至金黄，装盘即可。用。

小知识 如何选购芝麻

芝麻以黑芝麻的品种为最佳。在选购的时候，应选饱满、个大、无杂质、香味正者为好。反之则质量差。

萝卜丝芝麻酥饼

材料 面粉、黄油、白萝卜各适量

调料 白芝麻、盐各适量

做法

①白萝卜去皮切丝，入盐水腌渍，捞起沥干。②一半面粉加黄油、水和成水油皮后静置，剩余面粉加黄油和成油酥。用水油皮包裹油酥，收口朝下擀开，翻折再擀，重复几次。③面团分成6等份，中间包入萝卜丝，搓成长条形状，一面蘸上芝麻，入油锅中炸至表面金黄即可。

吉士南瓜饼

材料 面粉300克，南瓜60克，吉士80克，椰糠、朱古力屑各少许

调料 香油适量

做法

①南瓜洗净，煮熟后捣成泥；面粉加适量清水拌匀，再加入香油、南瓜泥揉匀成面团。②将面团搓成条，切成6个剂子，再擀扁，包入吉士后做成饼。③油锅烧热，放入南瓜饼，炸至金黄色，起锅装盘，撒上椰糠、朱古力屑即可。

土豆可乐饼

材料 土豆 200 克，西红柿 1 个，玉米粒 25 克，洋葱 1 个

调料 盐 3 克，面包屑适量

做法

① 西红柿入滚水中焯烫去皮，切丁，待用。② 洋葱切末，与土豆入锅中炒软，压成泥状，加玉米粒、西红柿丁，与盐拌匀。③ 捏成扁椭圆状，裹一层面包屑。④ 放入油锅中炸至呈金黄色，捞起沥干油分即可。

鸳鸯芝麻酥

材料 面粉 500 克，鸡蛋 1 个，猪肉 200 克，香菜 30 克，马蹄 20 克

调料 糖、猪油、水、盐、鸡精、芝麻、胡椒粉、淀粉、麻油各适量

做法

① 将面粉过筛开窝，加糖、猪油、鸡蛋、清水拌至糖溶化。② 将面粉搓匀，搓至面团纯滑。③ 用保鲜膜包好，松弛约 30 分钟。④ 将面团分切成约 30 克 / 个，将面皮擀薄备用。⑤ 馅料部分的材料切细混合拌匀。⑥ 将馅料包入面皮，然后将收口捏紧。⑦ 蘸上芝麻，稍作松弛。⑧ 以 150℃油温下锅炸至浅金黄色即可。

笑口酥

材料 糖粉、全蛋各 150 克，高筋面粉 75 克，低筋面粉 340 克

调料 酥油 38 克，泡打粉 11 克，淡奶 38 克，芝麻适量

做法

① 酥油与过筛的糖粉混合搓匀。② 分次加入全蛋、淡奶搓匀。③ 慢慢加入过筛的泡打粉、高筋面粉、低筋面粉搓匀。④ 搓揉至面团纯滑。⑤ 再搓成条状。⑥ 分割成小等份。⑦ 搓圆后放入装满芝麻的碗中。⑧ 面团粘满芝麻，取出静置，炸成金黄色熟透即可。

蒸饼

苦荞饼

材料 苦荞粉 30 克，面粉 100 克

调料 糖 15 克

做法

① 面粉加水和好，静置备用。

② 将苦荞粉、糖加入备用的面粉中揉匀。

③ 取适量上述面团入手心，拍成扁平的薄饼状，再入蒸笼蒸熟后取出，摆盘即可。

菠菜奶黄晶饼

材料 澄面 250 克，淀粉 75 克，奶黄馅 100 克，菠菜汁 200 克

调料 糖 75 克，猪油 50 克

做法

① 清水、菠菜汁、糖煮开加入淀粉、澄面。② 烫熟后倒出放在案板上。③ 搓匀后加入猪油。④ 再搓至面团纯滑。⑤ 分切成约 30 克 / 个的小面团。⑥ 包入奶黄馅。⑦ 然后压入饼模成型。⑧ 脱模后排入蒸笼，用猛火蒸约 8 分钟。

重点提示 搓好的面团最好用干净的湿布盖住。

大黄米饼

材料 大黄米粉 300 克，豆沙 100 克
调料 白糖 10 克
做法
① 大黄米粉加适量清水揉匀成粉团。
② 将粉团搓成条，分成 5 个剂子，用擀面杖擀扁，包入豆沙，做成饼，入锅蒸熟。
③ 油锅烧热，再放入蒸饼煎至金黄色，起锅装盘即可。

海南蒸饼

材料 面粉 150 克，干酵母 2 克，泡打粉 3 克，枣泥馅 60 克
调料 芝麻、糖各适量
做法
① 面粉加水、糖和匀，再将干酵母、泡打粉加入拌匀，静置醒发。
② 取醒好的面团擀成长条，再切分成 6 等份，将每份擀扁，包入枣泥馅，收口朝下放好。
③ 在制好的饼坯上撒上芝麻，入蒸锅蒸 20 分钟，取出待凉，再用油炸至表面脆黄即可。

奶黄西米饼

材料 糯米粉 150 克，西米 100 克，奶油 30 克
调料 糖 15 克
做法
① 西米用温水浸泡至透明状备用；将糯米粉加适量温水和均匀，揉成面团。
② 再将面团分成面剂，擀成薄饼状，放上西米、奶黄、糖，然后包起来，再做成饼状。
③ 将做好的饼放入蒸锅中蒸 12 分钟至熟即可。

小知识 剥芋头的小技巧

芋头皮刮破后，会流出乳白色的汁液，这种汁液有强刺激性，手沾上会很痒。刮芋头前，将芋头放入热水中烫一烫，或在火上烘烘手，这样即使不小心沾上汁液手也不痒。

芋头瓜子饼

材料 葵花子仁 80 克，芋头 100 克，糯米粉 30 克，牛奶 20 克

调料 白糖 15 克

做法

1 芋头去皮，切成片，然后入蒸笼蒸熟，趁热捣碎成泥，加入白糖、糯米粉及牛奶拌匀。2 将葵花子仁加入芋头泥中，用筷子拌匀。3 分别取适量的上述材料入手心，搓成丸状，再按成饼状，入锅中蒸 5 分钟即可。

河套蒸饼

材料 白面 500 克

调料 酵母粉 2 克

做法

1 白面加酵母粉、适量的水揉成面团。2 将面团做成饼，醒发一会儿。3 将面饼入笼蒸熟即可。

重点提示 面粉富含蛋白质、碳水化合物、维生素和钙、铁、磷、钾、镁等矿物质，有养心益肾、健脾厚肠、除热止渴的功效。

第 9 部分

中式小点

中式小点指的是用中国传统工艺加工制作的点心，特点是讲究面皮与馅种类的丰富多样，烹饪上有煎、炸、蒸、烤等多种方法，同时甜咸兼具、口感丰富。中式小点向来深受人们的欢迎，作为中国传统饮食文化不可或缺的一部分，它具有很多值得发掘的特色和奥秘。打开本书，将带你走进中点的美味世界。

糕

红豆糕

材料 红豆、面粉各50克，葡萄干20克，薏米、糙米各30克

调料 红糖10克

做法

① 将红豆、葡萄干、薏米、糙米泡洗干净后，加面粉、红糖和少许水在盆中拌匀。

② 将所有拌匀的材料放入沸水锅中蒸约20分钟，再焖几分钟。

③ 将蒸好的食物装入模具内，待冷后倒出切成块即成。

玉米金糕

材料 嫩玉米粒、面粉、米粉、玉米粉各50克，吉士粉、泡打粉各10克

调料 白糖20克

做法

① 嫩玉米粒洗净。

② 将玉米粒、面粉、米粉、玉米粉、吉士粉、泡打粉、白糖和匀成面团，发酵片刻。

③ 将面团分装入菊花模型中，上笼用旺火蒸熟即可。

川式芋头糕

材料 芋头200克，糯米粉250克

调料 白糖20克

做法

① 芋头洗净，放入锅中蒸熟，去皮后捣成蓉，加入糯米粉、白糖、水和成面团。

② 将面团擀成大片，再切成大小一致的方块形。

③ 油锅烧热，放入芋头糕，煎至表皮呈金黄色后铲出，沥干油分。

脆皮萝卜糕

材料 萝卜糕 150 克，鸡蛋 1 个，春卷皮 6 张

调料

做法

① 萝卜糕洗净，切成长条；鸡蛋打入碗中调匀。

② 将萝卜糕包入春卷皮中，用蛋液封上接口。

③ 锅置火上，烧至七成热，下入脆皮萝卜糕，炸至金黄色后捞出，沥干油分。

重点提示 可以在做好的糕上扫上一层蛋液后再煎，味道更好。

脆皮马蹄糕

材料 马蹄、椰汁、三花淡奶、马蹄粉各适量

调料 芝麻适量，白糖 15 克

做法

① 马蹄洗净去皮后拍碎。将马蹄粉和适量水调匀成粉浆，平均分为两份备用。

② 将白糖倒入锅中，加水烧开，入椰汁及三花淡奶，改小火，倒入粉浆，搅拌成稀糊状，加马蹄搅匀，再注入余下的粉浆搅匀，倒入糕盆内，隔沸水用猛火蒸 40 分钟，取出蘸上芝麻，再下入油锅中炸熟即可。

莲子糯米糕

材料 血糯米 350 克，莲子 50 克

调料 碱适量，白糖、麦芽糖各 20 克

做法 ①血糯米淘净煮熟；莲子加碱，用开水浇烫，用竹刷搅刷，把水倒掉，接着按以上方法重复两次，直到把皮全都刷掉，莲子呈白色时用水洗净，去掉莲心，蒸好即可。②另取一只锅，加糖、水与麦芽糖煮至浓稠状，将煮好的糯米饭倒入搅匀，铺在抹过油的平盘之中，将糯米揉成团状，把莲子放其上即可。

芒果凉糕

材料 糯米粉 350 克，芒果 100 克

调料 白糖 30 克，红豆沙适量

做法 ①将糯米粉加水、白糖揉好，上锅蒸熟后取出，晾凉切块；芒果去皮，取肉切粒。②在糯米粉块的中间夹一层红豆沙，放入蒸锅蒸 5 分钟即可。③取出糯米糕待凉后，放上芒果粒食用即可。

夹心糯米糕

材料 糯米粉 100 克，豆沙馅 50 克，椰蓉 20 克

调料 糖 5 克

做法 ①将糯米粉放入容器中，加水和好，平铺至盆中入锅蒸约 10 分钟。②取适量的面团，放在手中拍扁，中间放豆沙馅，裹好成长方形。③将裹好的面团入油锅中炸至表面金黄后捞起，裹椰蓉、撒糖即可。

黄金南瓜糕

材料 南瓜 100 克，糯米粉 150 克

调料 白糖 5 克

做法 ①南瓜削皮切片，蒸熟后压成泥。②待南瓜泥冷却后，加入糯米粉、白糖、猪油一起搅拌均匀。③用中火蒸约 10 分钟，熄火，冷却后切块、摆盘即可。

重点提示 猪油不要加太多，适量即可。

芝麻糯米糕

材料 糯米150克，糯米粉、芝麻各20克

调料 白糖25克

做法

1 将糯米淘洗净，放入锅中蒸熟，取出打散，再加入白糖拌匀，做成糯米饭。

2 取糯米粉加水开浆，倒入拌匀的糯米饭中，拌好，放入方形盒中压紧成形，再放入锅中蒸熟。

3 取出，均匀撒上炒好的芝麻，再放入煎锅中煎成两面金黄色即可。

芋头西米糕

材料 西米150克，芋头油20毫升

调料 鱼胶粉20克，白糖10克

做法

1 将鱼胶粉和白糖倒入碗内，再加入芋头油。

2 用打蛋器搅拌均匀，做成香芋水。

3 取一模具，内加入少许泡好的西米，再把拌好的香芋水倒入其中，然后放入冰箱中，凝固即可。

重点提示 在芋头所含的营养成分中，氟的含量较高，对洁齿防龋、保护牙齿有一定作用。

清香绿茶糕

材料 绿茶粉20克

调料 白糖30克，鱼胶粉20克

做法

1 将所有材料放入碗中，再加入适量开水，用打蛋器搅拌均匀。

2 将拌好的绿茶水倒入模具中，再放入冰箱，冻至凝固即可。

重点提示 绿茶对醒脑提神、振奋精神、增强免疫、消除疲劳有一定的作用。

糍粑

 小知识 巧识掺入大米粉的糯米粉

1. 色泽：糯米粉呈乳白色，缺乏光泽，大米粉色白清亮。
2. 粉粒：用手指搓捻，糯米粉粉粒粗，大米粉粉粒细。
3. 水试：糯米粉用水调成的面团手捏黏性大，大米粉用水调成的面团手捏黏性小。

凉糍粑

材料 糯米 100 克，芝麻粉、蜜桂花、黄豆各 20 克

调料 白糖、食用桃红色素适量

做法

① 把糯米淘洗干净，用温水泡两三个小时，控干水后装入饭甑内，用旺火蒸熟，然后将熟米饭放入容器内，舂茸成糍粑，用热的帕子搭盖。② 把芝麻粉、蜜桂花、白糖、食用桃红色素拌匀，制成芝麻糖；把黄豆炒熟，磨成粉待用。③ 糍粑晾凉后压平，把芝麻糖撒在面上，蘸裹上黄豆粉，炸熟即可。

脆皮糍粑

材料 面粉 150 克，糍粑 50 克，面包糠 15 克

调料 白糖 15 克

做法

① 将面粉、白糖加水调匀成面糊；糍粑切成小块。② 将糍粑裹上面糊，拍上面包糠。③ 油锅烧热，下入糍粑条，炸至金黄色即可。

重点提示 拍面包糠的时间可加长一些，以保证粘稳而油炸的时候不易掉落。

麦香糍粑

材料 麦片 35 克，糯米粉 150 克

调料 白糖 25 克

做法 ❶ 把糯米粉加白糖、温水一起揉匀，分别做成圆状备用。❷ 锅置火上，烧开水，将糯米团蒸熟成糍粑。❸ 取出，在盘里撒上麦片，使糍粑均匀粘上。

重点提示 揉糯米团的时候一定要充分揉匀，以保证味道的均匀。

蛋煎糍粑

材料 糯米 150 克，鸡蛋 2 个

调料 盐 3 克，细砂糖 15 克

做法 ❶ 将糯米用水淘一遍，再在清水里泡发 2 小时，上笼蒸熟。❷ 将蒸熟的糯米舂成泥，做成块状；鸡蛋打入碗中，加盐拌匀。❸ 将糍粑放入鸡蛋液中上浆，入油锅煎至色黄酥脆，装盘后撒上细砂糖即可。

瓜子糍粑

材料 糯米粉 200 克，面粉 50 克，瓜子仁 100 克

调料 白糖 20 克

做法 ❶ 糯米粉、面粉、白糖、水调和均匀，揉搓成光滑面团，加入瓜子仁，揉和均匀。❷ 锅置火上，水烧开，将面团蒸熟后取出，晾凉切块。❸ 油锅烧热，下入瓜子糍粑炸至金黄色即可。

松仁糍粑

材料 松仁 30 克，糯米 100 克

调料 盐 3 克

做法 ❶ 把糯米淘净泡好，入锅煮熟。❷ 在干净的器皿上撒些糯米，舂烂，将松仁和盐加入后和匀。❸ 分别取约 30 克的糯米揉搓成小团，再一一拍扁，入油锅中炸熟即可。

汤圆

芝麻汤圆

材料 糯米粉 250 克，芝麻 80 克

调料 白糖

做法 ❶ 将糯米粉加水和成团，下剂制成小面团，分别将小面团中间按出凹陷状，放入白糖、芝麻，用手对折压紧，揉成圆状，即成汤圆生坯，逐个包好。❷ 锅烧开水，下入汤圆煮，待汤圆浮起后，反复加冷水煮开，待汤圆再次浮起时即熟。

莲蓉汤圆

材料 糯米面团 250 克，莲蓉 100 克

调料 白糖 100 克

做法 ❶ 莲蓉取出，搓成条，用刀分切成小段；糯米面团下剂制成小面团。❷ 分别将小面团中间按出凹陷状，放入莲蓉、白糖，用手对折压紧，揉成圆状，即成汤圆生坯，逐个包好。❸ 锅烧开水，下入汤圆煮，待汤圆浮起后，反复加冷水煮开，待汤圆再次浮起时即熟。

红糖汤圆

材料 糯米面团 250 克

调料 红糖 100 克

做法 ❶ 糯米面团下剂成小面团，将小面团中间按出凹陷状。❷ 放入红糖，用手对折压紧，揉成圆形，即成汤圆生坯，逐个包好。❸ 锅烧开水，下入汤圆，待汤圆浮起后，反复加水煮开，待汤圆再次浮起后即熟。

酢炸芝麻汤圆

材料 芝麻汤圆 200 克，鸡蛋 2 个，面包屑适量

调料 盐 3 克，鸡精 1 克，油适量

做法 ❶ 取蛋黄装入碗中搅散，加入盐、鸡精拌匀，再放入汤圆拌匀。❷ 将裹上蛋液的汤圆均匀蘸上面包屑。❸ 锅上火，倒入油烧热，放进汤圆，炸至香酥，捞出沥干油分，装盘即可。

零食

小窍门 煮豆沙防煳法

煮豆沙的时候，放1粒玻璃弹子与其同煮，能让汤水不断地翻滚，能有效避免烧煳。此法不适合用于砂锅。

驴打滚

材料 糯米粉300克，豆沙150克，熟豆粉50克

调料 白糖15克

做法

❶ 把糯米粉用温水和成面团，然后放入刷了油的盘中，再放入锅中，大火蒸10分钟，再改小火蒸5分钟。

❷ 炒锅置火上，倒入熟豆粉，翻炒至金黄色时盛出；豆沙、白糖加水搅匀待用。❸ 在案板上撒上熟豆粉，放糯米面团，擀成大片，将豆沙抹在上面，卷成卷后切成小段即可。

脆皮一口香

材料 面粉、猪肉、笋、火腿、香菇、辣椒、豆皮各适量

调料 盐、味精、酱油各适量

做法

❶ 将面粉、盐加温水和匀；猪肉、笋、火腿、香菇、辣椒洗净切末。❷ 油锅烧热，将猪肉、笋、火腿、香菇、辣椒放入锅中炒香，放盐、味精、酱油调味后炒匀，即成馅心。❸ 豆皮洗净，切成正方形，包入馅心，剂口用面粉糊好，再裹上面粉，放入油锅中，炸至金黄色即可。

脆皮奶黄

材料 鸡蛋、黄油、牛奶、吉士粉、面粉各适量

调料 白糖 15 克

做法

① 将黄油软化，加入白糖、鸡蛋、牛奶、吉士粉拌匀，隔水蒸好，做成奶黄馅。

② 面粉、白糖加水调匀成面团，摘成小剂子，再将剂子揉匀，包入奶黄馅，捏紧剂口。

③ 锅置火上，烧至七成热，下入奶黄团，炸至金黄色后捞出，沥干油分即可。

脆炸苹果环

材料 苹果 3 个，面粉 150 克

调料 白糖 15 克

做法

① 苹果洗净，切成厚片，再以圆形模具刻成圆环形，待用。

② 将面粉、白糖加水调匀成面糊，并均匀裹在苹果环上。

③ 锅置火上，烧至七成热，下入苹果环，炸至金黄色后边捞出，沥干油分即可

香辣薯条

材料 土豆 100 克，白芝麻、青椒少许

调料 盐 3 克，味精 1 克，干辣椒 20 克

做法

① 土豆去皮洗净后切条，下入油锅中炸至金黄色后取出。

② 干辣椒洗净，切段；青椒洗净切丝。

③ 锅中入油烧热，放入干辣椒炒香，再放入土豆条、青椒丝、白芝麻炒匀。

④ 炒至熟后，放入盐、味精调味，即可装盘即可。

大肉火烧

材料 五花肉 300 克，蛋清 30 克，面粉 350 克

调料 盐 4 克，鸡精 2 克，花椒粉、芝麻酱各适量

做法 ❶面粉加水，揉成光滑的面团，将面剂拉得长如腰带，宽约寸许，再卷成陀螺状，旋磨成形后压平。❷五花肉洗净，剁成肉蓉，加盐、鸡精、蛋清、花椒粉、芝麻酱拌匀成馅。❸在面团中放入馅料，再包好压平，入炉，猛火炙烤，中间的面自然膨胀伸开，烤熟即可。

鸳鸯玉米粑粑

材料 新鲜青玉米 400 克，玉米面粉、糯米粉各 50 克

调料 白糖 50 克

做法 ❶将青玉米叶剥下留用，玉米粒绞成糊状，下玉米面、糯米粉、白糖后搅拌均匀，做成玉米糊。❷用玉米叶包住调好的玉米糊，上火蒸熟后即称玉米粑粑。❸取一半玉米粑粑，下锅煎至两面金黄，此称煎玉米粑粑。将两种粑粑摆入盘中即可。

绵花杯

材料 糯米粉 250 克，面粉 100 克，芒果 80 克
调料 糖 25 克，发酵粉 3 克
做法
① 将糯米粉、面粉、发酵粉、白糖加温水调成糊；

芒果去皮切成丁。
② 用纸杯模装好糊，将芒果丁撒在糊上，上锅用大火蒸 10 分钟即可。
重点提示 芒果以新鲜的最好。

糯米糍

材料 糯米粉 200 克，椰糠 30 克，豆沙 40 克
调料 白糖 15 克
做法
① 糯米粉加适量清水揉匀成粉团，并分成三等份；豆沙与白糖拌匀。
② 将三个粉团压扁，放入豆沙作为馅，包裹成圆形，再放入蒸锅中蒸 30 分钟。
③ 取出后滚上椰糠，排于盘中即可。
重点提示 加入少许盐，味道更好。

第 10 部分

西式小点

西式小点就是西式烘焙食物，可以当作主食，也可以当作点心。很多人认为制作西式小点很麻烦，其实不然，只要肯花点时间和心思，学会正确的制作方法，那么没有什么是做不到的！本部分选取了十几种经典的西式点心，每种点心都有详细的制作过程。相信聪明的你看了之后，一定可以做出美味可口的西式小点哦！

饼

蛋黄饼

材料 全蛋 75 克，低筋面粉 150 克，粟粉 75 克，蛋糕油 10 克，清水 45 克

调料 食盐 1 克，砂糖 110 克，香油、液态酥油各适量

做法

① 全蛋、食盐、砂糖、蛋糕油混合，先慢后快搅拌。

② 拌至蛋糊硬性起发泡后，转慢速加入香油和清水。

③ 然后将低筋面粉、粟粉加入拌至完全混合。

④ 最后加入液态酥油，拌匀成蛋面糊。

⑤ 将面糊装入裱花袋，然后在耐高温纸上成型。入炉烘烤约 30 分钟，烤至金黄色熟透后，出炉即可。

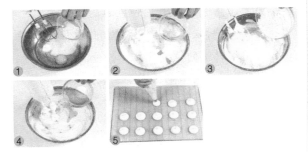

重点提示 蛋糊要尽量打起发，入面粉和液态酥油时需边入边搅打，才可保持蛋糊的硬度。

腰果巧克力饼

材料 奶油 125 克，全蛋 67 克，低筋面粉 100 克

调料 糖粉 67 克，可可粉 8 克，腰果仁适量

做法

① 把奶油、糖粉混合，拌匀至奶白色。

② 分次加入全蛋后拌透。

③ 加入低筋面粉、可可粉，完全拌匀至无粉粒状。

④ 装入套有牙嘴的裱花袋内，在烤盘内挤出大小均匀的形状。

⑤ 表面放上腰果仁装饰。

⑥ 入炉，以 160℃的炉温烘烤至完全熟透后出炉，冷却即可。

重点提示 把巧克力融化后拌匀，味道会更浓郁。

紫菜饼

材料 奶油、糖粉、鲜奶、低筋面粉、奶粉、紫菜各适量

调料 食盐 2 克，鸡精 2 克

做法
①把奶油、糖粉、食盐混合拌匀。②分数次加入鲜奶，完全拌匀至无液体状。③加入低筋面粉、奶粉、紫菜碎、鸡精，拌匀拌透，取出，搓成面团。④擀成厚薄均匀的面片，分切成长方形饼坯。⑤排入垫有高温布的钢丝网上。⑥入炉，以 160℃的炉温烘烤，烤约 20 分钟，完全熟透后出炉，冷却即可。

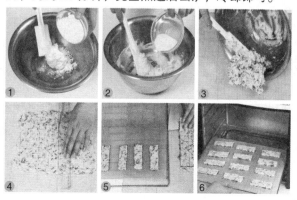

重点提示 紫菜在制作饼时最好切细小些。

蔬菜饼

材料 白奶油、鲜奶、低筋面粉、粟粉、蔬菜叶各适量

调料 糖粉 50 克，食盐 2 克

做法
①把白奶油、糖粉、食盐倒在一起，混合拌匀，分次加入鲜奶拌匀。②加入低筋面粉、粟粉、蔬菜丝完全拌匀。③在案台上搓匀成面团。④擀成厚薄均匀的面片。⑤用模具压出形状。⑥利用铲刀将饼坯移到铺有高温布的钢丝网上，入炉烘烤至完全熟透，冷却即可。

重点提示 可把菜叶切碎一些，更好压形状。

乡村乳酪饼

材料 低筋面粉、泡打粉、肉桂粉各适量,蛋黄1个,奶油、奶油乳酪、牛奶各适量

调料 盐1.5克

做法

① 先将奶油乳酪和奶油拌匀,将牛奶加入拌匀。

② 将低筋面粉、泡打粉、盐和肉桂粉加入拌匀成团。

③ 用保鲜膜包住,冷藏后拿出,擀成1厘米左右的厚度。④ 用梅花形状模具印出。⑤ 将蛋黄拌匀,加少许牛奶打匀,扫在饼皮表面。⑥ 放入烤炉,烤至金黄色,出炉冷却即可。

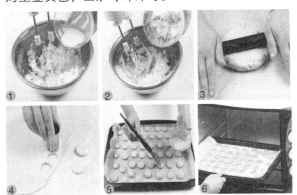

绿茶薄饼

材料 奶油、蛋清、低筋面粉、奶粉、绿茶粉、松子仁各适量

调料 糖粉70克,食盐1克

做法

① 把奶油、糖粉、食盐混合,先慢后快打至奶白色,分次加入蛋清,拌至无液体状。② 加入低筋面粉、奶粉、绿茶粉完全拌匀至无粉粒。③ 倒在铺有胶模的高温布上。④ 用抹刀均匀地填入模孔内。⑤ 取走胶模,在表面撒上松子仁装饰。⑥ 入炉,以130℃的炉温烘烤,烤约20分钟左右,完全熟透后出炉,冷却即可。

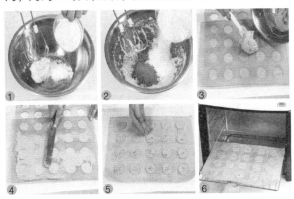

重点提示 烤时要掌握好炉温,不要着色。

乳香曲奇饼

材料 奶油、糖粉、液态酥油、南乳、中筋面粉各适量，清水 40 克

调料 食盐 2.5 克，鸡精 2.5 克，五香粉 2 克

做法

①把奶油、糖粉混合，先慢后快，打至奶白色。

②分次加入液态酥油、清水搅拌均匀。

③加入食盐、鸡精、五香粉、南乳后拌透。

④加入中筋面粉拌至无粉粒。

⑤装入有大牙嘴的裱花袋，挤入烤盘内，大小均匀。

⑥入炉，以 150℃的炉温烘烤，约烤 25 分钟，完全熟透后出炉，冷却即可。

燕麦核桃饼

材料 全蛋 75 克，奶油、鲜奶、低筋面粉、核桃碎、燕麦片各适量

调料 红糖 150 克，小苏打、泡打粉各 3 克

做法

①把奶油、红糖、小苏打、泡打粉混合拌匀，分次加入全蛋、鲜奶拌至无液体状。

②加入低筋面粉、核桃碎、燕麦片，完全拌匀。

③取出放在案台上，折叠搓成长条。

④切成小份，摆入烤盘。

⑤用手轻压扁。

⑥入炉，以 150℃的炉温烘烤，烤约 25 分钟，完全熟透后出炉，冷却即可。

手指饼干

材料　鸡蛋2个，低筋面粉80克，香草粉5克

调料　细砂糖65克，盐适量

做法　①将低筋面粉和香草粉混合,过筛两次备用。②蛋白与蛋黄分开，取20克细砂糖与蛋黄搅拌至糖溶解备用。③取细砂糖与蛋白打匀，加蛋黄液，再加入过筛的粉类轻轻拌匀成面糊。④装入挤花袋中，在烤盘上挤成条状。⑤放入烤箱以180℃的炉温烤约20分钟至表面呈金黄色即可。

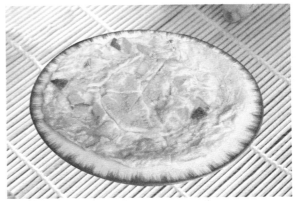

墨西哥煎饼

材料　面粉150克，鸡蛋3个，火腿30克

调料　青椒、盐各少许，洋葱20克

做法　①鸡蛋打散入碗中；火腿洗净切片，青椒洗净切片；洋葱洗净切成角。②将面粉加水、鸡蛋、火腿片、洋葱、青椒片、盐一起调匀。③锅中注油烧热，放入搅拌均匀的面粉和蛋液，煎成饼后起锅装盘即可。

巧克力曲奇

材料　面粉160克，鸡蛋1个，巧克力60克，酥油150克，牛油5克

调料　白糖200克

做法　①把牛油、酥油放入盆中，用打蛋器打化，加入蛋清打匀，并打至起泡。②加入面粉打匀，再加入巧克力，搅拌均匀。③倒入裱花袋中，挤成三个圆形拼在一起，制成梅花形，放入烤箱中烤15分钟即可。

杏仁曲奇

材料　面粉160克，鸡蛋1个，杏仁60克，酥油150克，牛油5克

调料　白糖200克

做法　①将牛油、酥油放入盆中，用打蛋器打化，加蛋清打匀。②打至起泡，加入面粉打匀，倒入裱花袋中。③在油纸上挤成8字形，放上杏仁。④放入烤箱中，用上170℃、下150℃的炉温烤13分钟左右即可。

樱桃曲奇

材料 奶油 138 克，鸡蛋 2 个，低筋面粉，高筋面粉各 125 克，吉士粉 13 克，奶香粉、红樱桃适量，糖粉 100 克

调料 食盐 2 克

做法

① 把奶油、糖粉、食盐倒在一起，先慢后快打至奶白色。

② 分次加入全蛋，完全拌匀。

③ 加入吉士粉、奶香粉、低筋面粉、高筋面粉完全拌匀至无粉粒。

④ 装入带有花嘴的裱花袋内，挤入烤盘内，大小均匀。

⑤ 放上切成粒状的红樱桃。

⑥ 入炉，以 160℃烘烤，约烤 25 分钟，完全熟透后出炉，冷却即可。

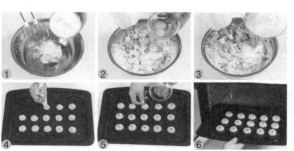

香葱曲奇

材料 低筋面粉、奶油、糖粉、液态酥油各适量，清水 45 克

调料 食盐 3 克，鸡精 2.5 克，葱花 3 克

做法

① 把奶油、糖粉、食盐倒在一起，先慢后快，打至奶白色。

② 分次加入液态酥油、清水，搅拌均匀至无液体状。

③ 加入鸡精、葱花拌匀。

④ 加入低筋面粉拌至无粉粒。

⑤ 装入已放了牙嘴的裱花袋内，挤入烤盘，大小均匀。

⑥ 入炉，以 160℃的炉温烘烤约 25 分钟，完全熟透后出炉，冷却即可。

比萨

小知识 **闻气味鉴别火腿质量**

优质火腿有火腿特有的香腊味；次品稍有异味；变质火腿有腐败气味或严重酸味。

火腿青蔬比萨

材料 中筋面粉 600 克，干酵母 5 克，奶油、番茄酱、乳酪丝、罐装玉米粒、罐装鲔鱼、罐装菠萝片、火腿片

调料 红甜椒、盐、砂糖各适量

做法

❶ 干酵母加水拌匀，与面粉、盐、细砂糖揉成团，再加奶油，揉至面团光滑。❷ 盖上保鲜膜，20 分钟后，取出分成 5 个小面团，分别揉圆，再松弛 8 分钟。❸ 将面团擀成圆片放派盘内，刷番茄酱，撒乳酪丝，再放馅料，撒一层乳酪丝，烤至表面焦黄即可。

薄脆蔬菜比萨

材料 墨西哥饼皮 1 片，三色甜椒丝 30 克，蘑菇 3 朵

调料 西红柿酱、乳酪丝各适量

做法

❶ 蘑菇切小片备用。将墨西哥饼皮放入烤箱，以 150℃的炉温烘烤 2 分钟后取出，涂上一层西红柿酱，均匀铺上三色甜椒丝、蘑菇片，撒上乳酪丝。❷ 将铺好蔬菜的饼皮放入烤箱，以 180℃的炉温烤约 10 分钟，至乳酪丝熔化且饼皮表面呈金黄色即可切片食用。

布丁

绿茶布丁

材料 绿茶粉100克，鲜奶450克，布丁粉75克，清水500克

调料 白糖400克

做法

1 先将锅中放入清水和白糖煮热。2 将布丁粉加入，慢慢搅匀。3 再加入鲜奶、绿茶粉，搅拌均匀后倒入模具中整成形即可。

重点提示 清水不要加入太多，否则做出来的绿茶布丁味道会很淡。

红糖布丁

材料 鸡蛋2个，红糖20克

调料 牛奶、吉士粉、蜂蜜各适量

做法

1 将鸡蛋、牛奶、吉士粉混合，搅匀成蛋浆；红糖加蜂蜜搅匀备用。2 将蛋浆装入模具内，做成布丁生坯。3 烤盘内倒入适量凉水，放入生坯，入烤箱烤熟，取出摆盘，再淋上红糖即可。